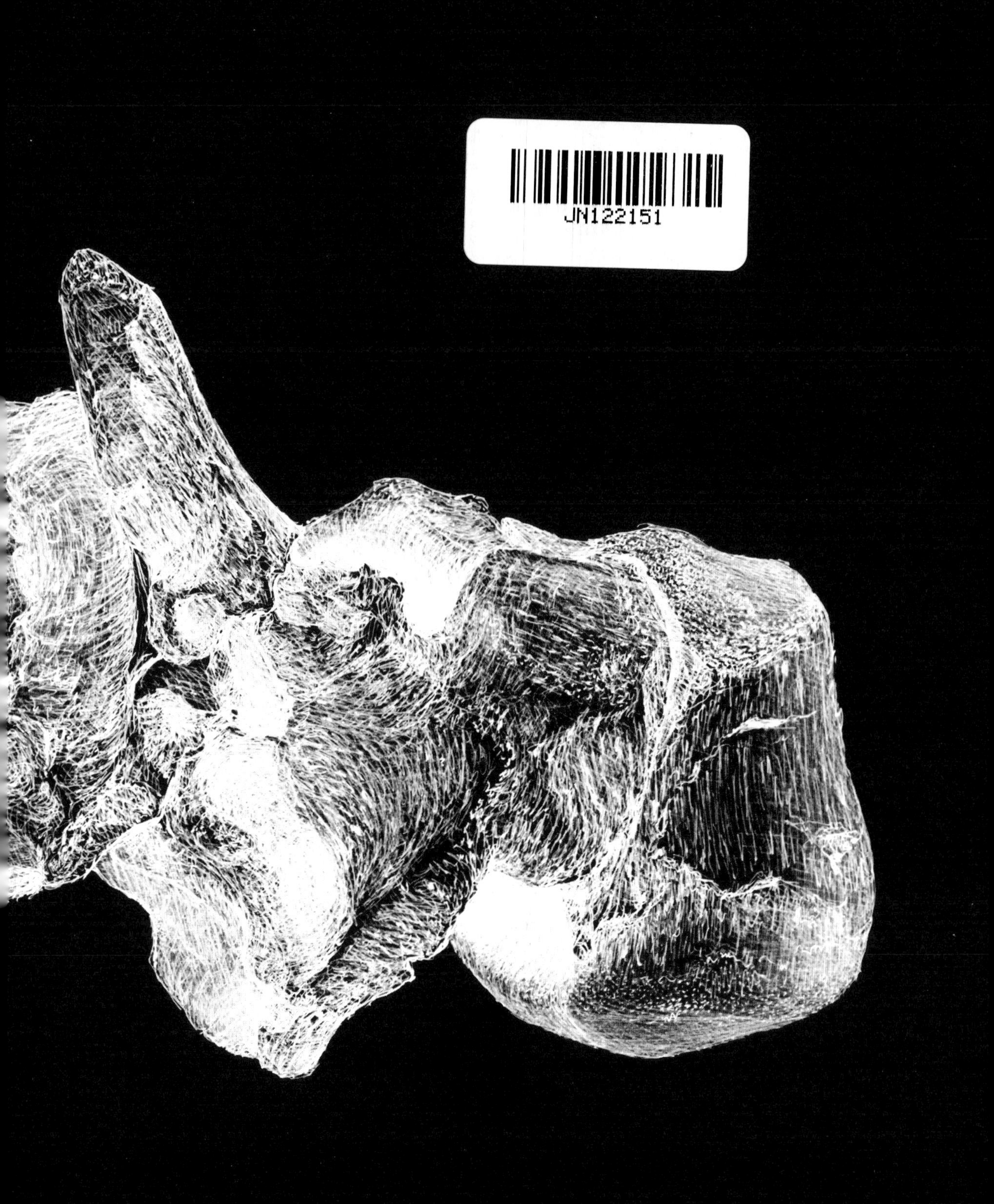

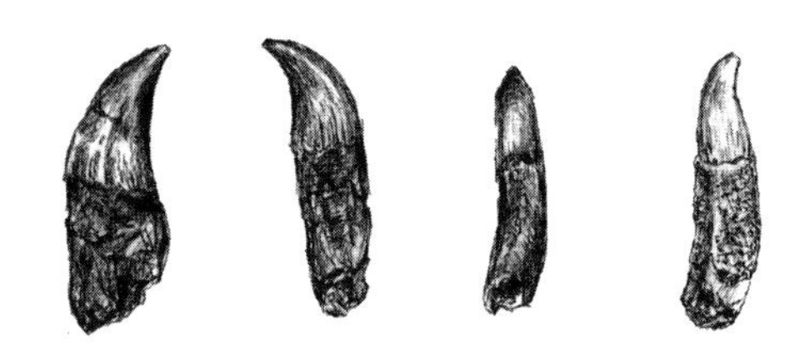

## 本書について

約7000万年前から現在までの自然史を「恐竜時代」（中生代白亜紀）、「鳥獣時代」（新生代古第三紀·新第三紀）、「氷河時代」（新生代第四紀）の３部に分け、それぞれの時代に生きた古脊椎動物を紹介します。

本書作成にあたり、道内外の博物館などで化石を研究する学芸員らが編集委員会をつくって解説文を執筆し、学芸員らの説明をもとに、画家の浩而魅諭さんが復元画を作成しました。復元画では、動物の姿形のほか、植物や地質など陸や海の自然環境も表現しています。「実物大」と表記した絵は、浩而さんが実物を見て描いた化石を原寸大で再現したものです。

巻頭では、「北海道」が現在の形になるまでの歩みを古地理図とともに解説、各時代に生きた古生物の化石が現代の北海道で発見されるまでの足取りを示しました。巻末では、各化石を所蔵・展示している道内外の博物館施設を紹介します。

**「北海道絶滅動物館」編集委員会**（五十音順）

一島啓人（福井県立恐竜博物館副館長）

木村方一（北海道教育大学名誉教授）

小林快次（北海道大学総合博物館教授）

櫻井和彦（むかわ町穂別博物館館長）

澤村　寛（足寄動物化石博物館特任学芸員）

古沢　仁（札幌市博物館活動センター学芸員）

「北海道絶滅動物館」編集委員会編／作画・構成＝浩而魅諭
*HIROJI Miyu*

北海道新聞社

# はじめに

日本列島の北の端にある北海道。この島の形は「エイ」という魚の姿に見えませんか？　函館などがある渡島半島が尾びれ、北の宗谷岬と南の襟裳岬が左右のひれの先で、知床半島と根室岬を結ぶあたりが頭……。

では、どのようにしてこのような形の島が生まれたのでしょうか？　そして、この島が今の姿になるまでの間に、どんな生き物たちがくらしてきたのでしょうか？

北海道は動物や植物の化石がとても多く見つかる島です。この本では、それぞれの化石の研究者と、作画の浩而魅諭さんが話し合って、北海道の昔の生き物たちの姿と、かれらが生活していた自然環境を再現しました。時代を追ってページをめくりながら、北海道の動物と自然の足取りを楽しむテキストとして生かしていただけるとうれしいです。

**木村方一**

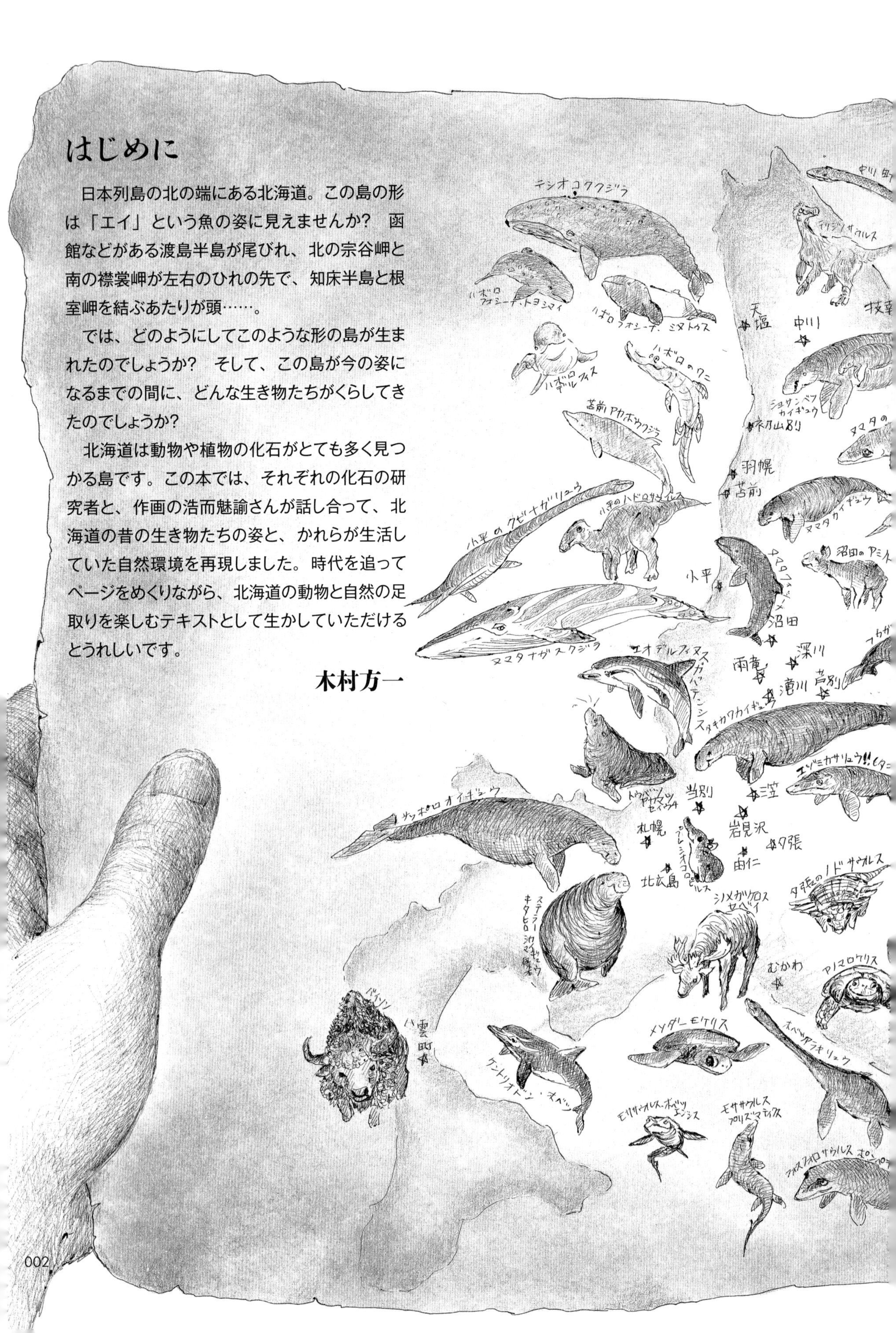

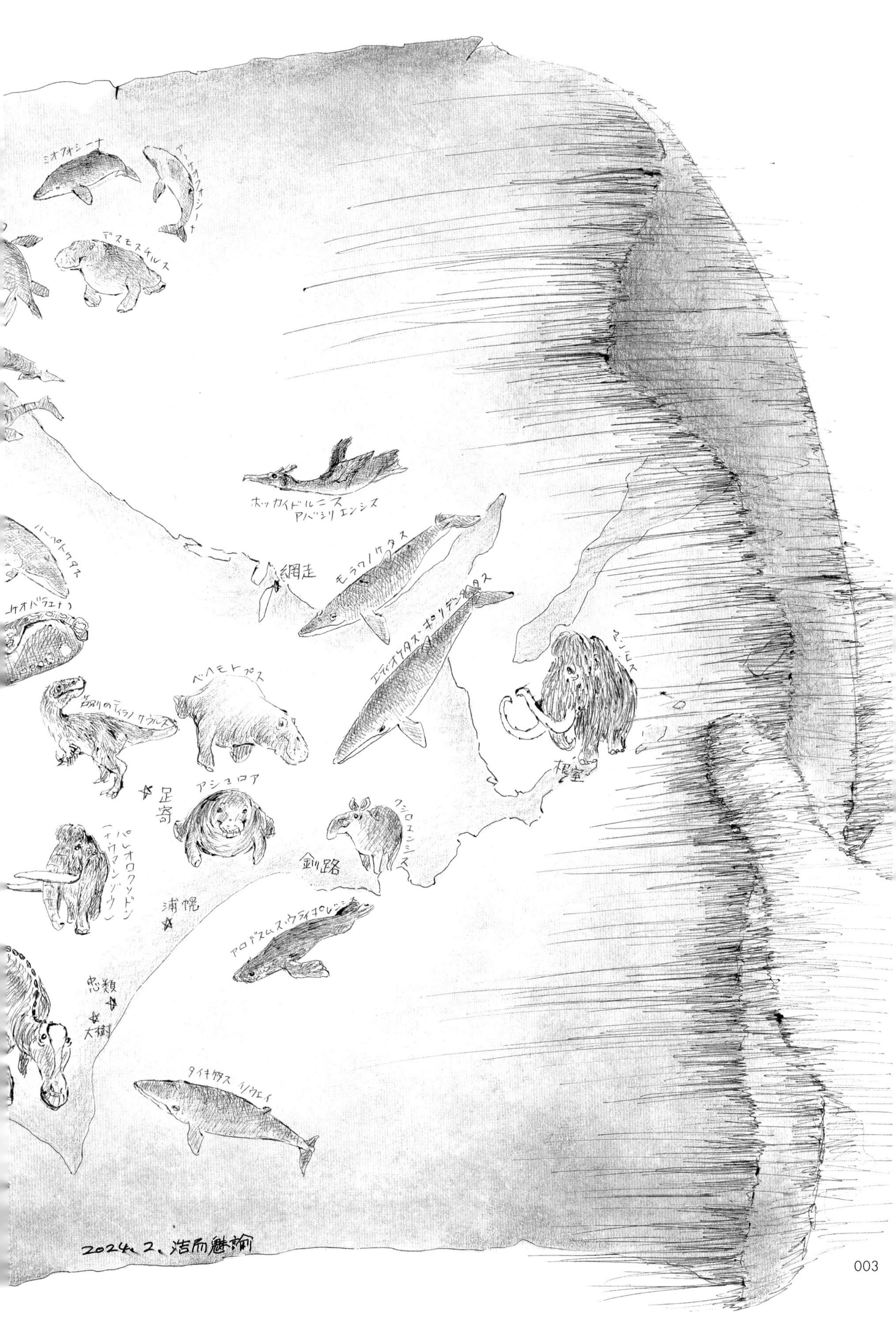

ミオフォシーナ
デスモスチルス
ホッカイドルニス
アバシリエンシス
網走
モラワノケタス
エティオケタス・ポリデンタタス
マンモス
根室
ベヘモトプス
足寄
アショロア
パレオロクソドン
(ナウマンゾウ)
クシロエンシス
釧路
浦幌
アロデスムス・ウライポレンシス
忠類
大樹
タイキケタス イノウエイ

## 白亜紀の陸の生物

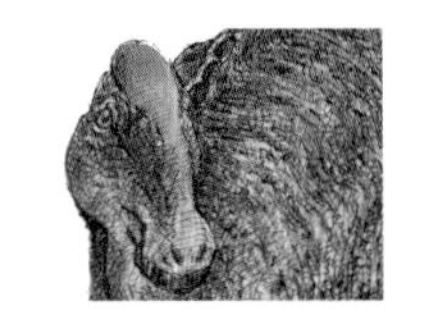
カムイサウルス・ジャポニクス
▶P014

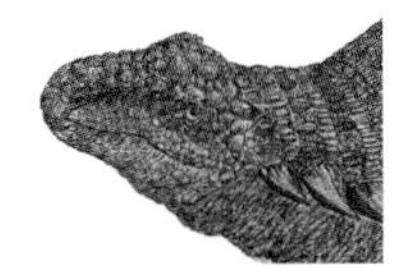
ノドサウルス科
▶P024

ハドロサウルス科
▶P022

パラリテリジノサウルス・ジャポニクス▶P026

ティラノサウルス類
▶P023

アノマロケリス・アングラータ
▶P046

## 白亜紀の海の生物

ホベツアラキリュウ
▶P032

メソダーモケリス・ウンデュラータス▶P044

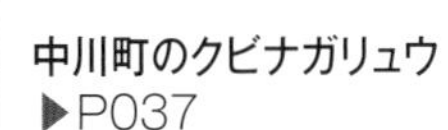
中川町のクビナガリュウ
▶P037

小平町のクビナガリュウ
▶P037

羽幌海生ワニ形類
▶P050

フォスフォロサウルス・ポンペテレガンス
▶P038

## 恐竜時代

### 中生代（ちゅうせいだい）

### 白亜紀（はくあき）

私たちが暮らす日本や北海道は、ずっと昔からいまのような形だったわけではありません。東アジア大陸に恐竜がいた時代から、7000万年もの長い時間をかけて地面がゆっくり動いて、現在の姿になりました。

北海道からは、白亜紀（約6600万年より前）のアジア大陸の海岸にすんでいたカムイサウルスのような大型恐竜や、海を泳いでいた爬虫類、古第三紀（約6600万年～2300万年前）の哺乳類や鳥類、新第三紀（約2300万年～258万年前）の海生哺乳類、第四紀（258万年～現在）の大型哺乳類など、いろいろな年代の化石が見つかっています。

大昔に生きていて、現在では化石でしか見ることのできない生き物を「古生物」といいます。化石が見つかる地層を調べると、いつ、どんな場所に古生物たちがすんでいたかがわかります。それらを手がかりに、北海道の成り立ちを見てみましょう。

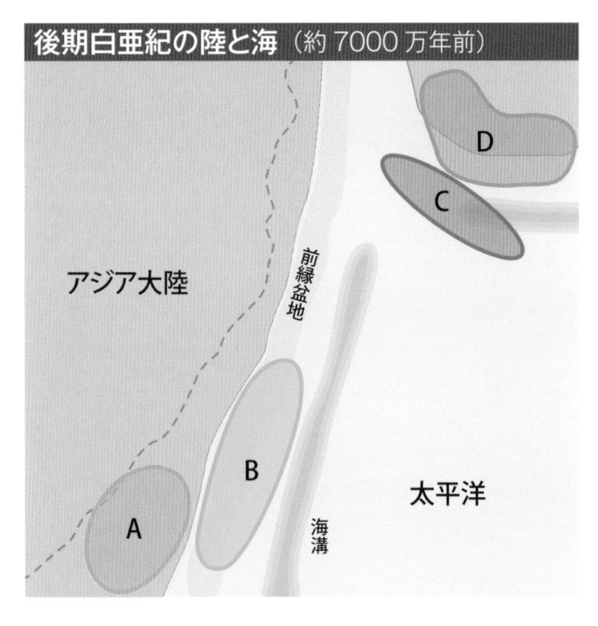


今から7000万年以上前の白亜紀後期、陸にすんでいた恐竜などの爬虫類や、海にいたモササウルスなどの海生爬虫類が死ぬと、その死体は川や海流に流されて、アジア大陸沿岸のくぼみ（前縁盆地）に沈んで泥に埋まりました。AやBはいまの北海道の西側に、CとDは東側になったところです。

## 始新世の生物

アミノドン・ワタナベイ
▶P066

プレシオコロピルス・グランゲリ
▶P068

プレシオコロピルス・クシロエンシス
▶P69

## 漸新世の生物

ホッカイドルニス・アバシリエンシス
▶P060

ベヘモトプス・カツイエイ
▶P076

アショロア・ラティコスタ
▶P077

エティオケトゥス・ポリデンタトゥス
▶P098

モラワノケトゥス・ヤブキイ
▶P099

6600万年前　5600万年前　3400万年前　2300万年前

**鳥獣時代**

**新生代**（しんせいだい）
**古第三紀**（こだいさんき）
**暁新世**（ぎょうしんせい）　**始新世**（ししんせい）　**漸新世**（ぜんしんせい）

### 古第三紀始新世の陸と海（約4000万年前）

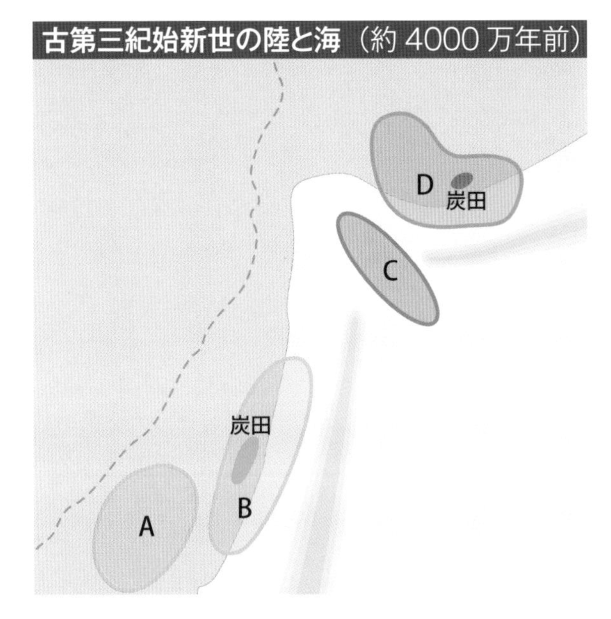


古第三紀になると、海底のくぼみが太平洋プレートの動きに押されてせり上がり、アジア大陸の一部になります。恐竜が絶滅したアジア大陸には森が広がり、枯れた植物が積み重なって炭田になりました。北にあった陸地はアジア大陸とつながります。陸上の動物は哺乳類が中心になり、炭田の近くにはバク（赤色の場所）やサイ（緑色の場所）などの奇蹄類がくらしていました。

### 古第三紀漸新世の陸と海（約3000万年前）

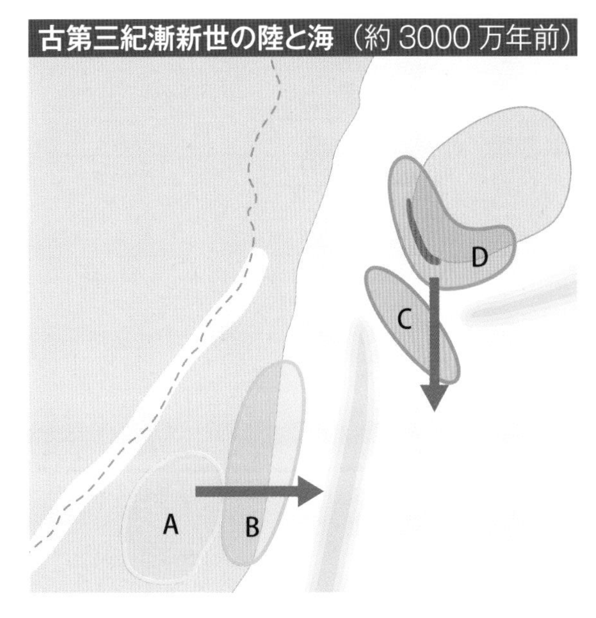


古第三紀漸新世（約3400万年前～）になると、北の陸地はアジア大陸から離れて島になります。まわりの海の地層（赤く塗った部分）からは、海生哺乳類（原始的な束柱類やクジラ類）や海生鳥類の化石が見つかっています。アジア大陸に割れ目ができ、やがて日本海ができます。A、Bは東方向に、C、Dは南方向に動いて、北海道の土台がつくられていきます。

## 新第三紀の生物

デスモスチルス・ヘスペルス
▶P070

ハボロフォシーナ・トヨシマイ
▶P086

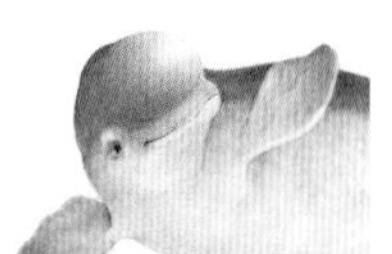
ハボロデルフィス・ヤポニクス
▶P090

ヌマタフォシーナ・ヤマシタイ
▶P080

アルケオフォシーナ・テシオエンシス
▶P087

ケントリオドン・ホベツ
▶P094

ミオフォシーナ・ニシノイ
▶P086

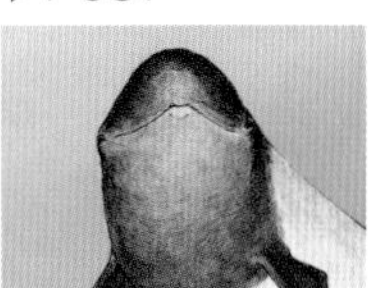
ハボロフォシーナ・ミヌトゥス
▶P087

エオデルフィヌス・カバテンシス
▶P095

2300万年前

**新生代**（しんせいだい）

**新第三紀**（しんだいさんき）

**中新世**（ちゅうしんせい）

### 新第三紀中新世前期（約 2300 万年前）

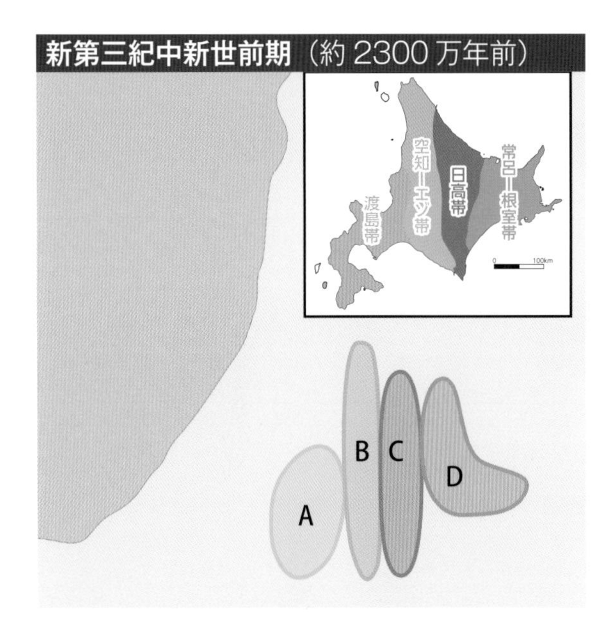


A、B、C、D は新第三紀中新世前期に合体し、現在の北海道の土台（基盤）ができました。ただし、そのほとんどはまだ海の中です。

A を渡島帯、B を空知―蝦夷帯＋神居古潭帯、C を日高帯、D を常呂帯＋根室帯と呼びます。

### 新第三紀中新世中期（約 1500 万年前）

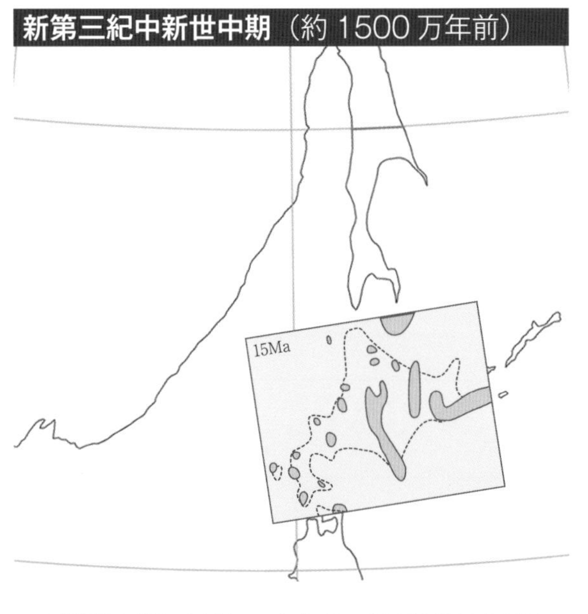


中新世中期になると、土台の一部が海面上に現れ、たくさんの島のようになりました。島と島の間の海では多くの海生哺乳類が生活し、進化を続けました。島の間の海底には新しい地層が次々と積み重なっていきます。死んだ海生哺乳類は海底に沈んで地層に埋もれ、化石になりました。北海道からはこの年代の後、たくさんの哺乳類化石が見つかります。それらはすべて海にすんでいた生き物です。

アカボウクジラの仲間
▶P095

タイキケトゥス・イノウエイ
▶P100

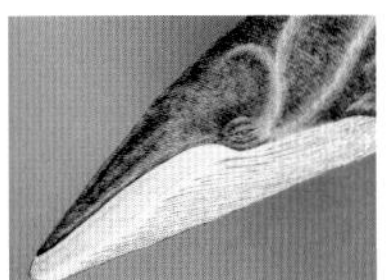

ミオバラエノプテラ・ヌマタエンシス
▶P100

ハーペトケトゥス亜科
▶P101

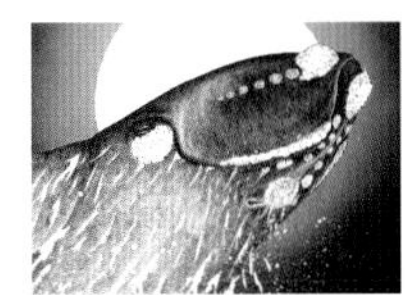

アルケオバラエナ・ドサンコ
▶P102

エシュリクティウス類
▶P104

ヒドロダマリス属
▶P106

タキカワカイギュウ
▶P114

ヌマタカイギュウ
▶P114

ショサンベツカイギュウ
▶P115

アロデスムス・ウライポレンシス
▶P118

アルケオドベヌス・アカマツイ
▶P122

533万年前　258万年前

**鮮新世**（せんしんせい）

## 新第三紀中新世後期（約 900 万年前）

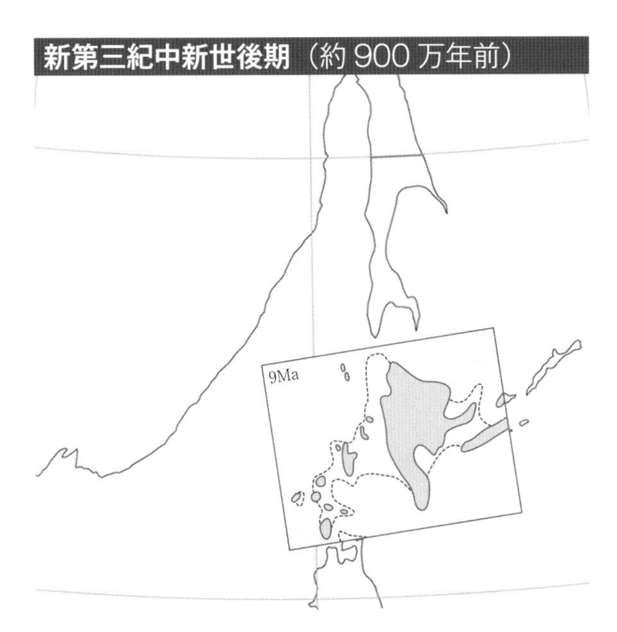


中新世後期になると、北海道の中央部から東部が大きな島になり、高い山になったり火山ができたりしました。中央の南半分は隆起が激しく、東側の日高帯が西側の空知―蝦夷帯に乗り上げて、現在の日高山脈ができました。北海道の西側は隆起が弱く、小さい島々が広がっていました。渡島帯の東側は深い海だったようです。

## 新第三紀鮮新世（約 300 万年前）

鮮新世に入ると北海道全体の隆起が始まり、中央や西側の島が大きくなりました。現在の釧路・根室・網走周辺、十勝、渡島半島の一部には海が残っています。現在の札幌がある石狩低地帯はまだ深い海の中です。海には多くの海生哺乳類が生息していました。カイギュウやクジラの仲間には大型のものも多く、中新世後期から鮮新世の化石の特徴になっています。

## 更新世の生物

パレオロクソドン・ナウマンニ
▶P132

マムーサス・プリミゲニウス
▶P134

シノメガケロス・ヤベイ
▶P148

バイソン
▶P149

ステラーカイギュウ
▶P115

258万年前　11700年前

氷河時代

新生代（しんせいだい）
第四紀（だいよんき）
更新世（こうしんせい）　完新世（かんしんせい）
現在

### 後期更新世（約12万年前）

### 後期更新世（約4万年前）

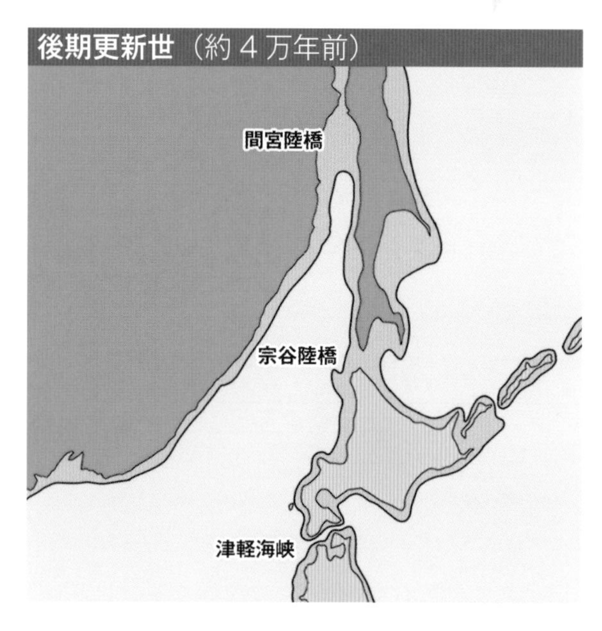


更新世中期（77万年～13万年前）から現在までの氷河時代には寒い「氷期」と温暖な「間氷期」が繰り返し訪れました。北海道最古のナウマンゾウは、およそ12万年前に十勝平野にすんでいました。そのころの気候は現在と同じくらいだったようです。この年代は最後の間氷期で、北海道は海に囲まれていました。ゾウはどのように北海道にやってきたのでしょうか。

約4万年前は最後の氷期（ウルム氷期）でした。氷期には大陸氷河が広がって地球上の海水が減り、海水面が下がります。浅い海峡は陸地になり、アジア大陸とサハリンの間の間宮海峡、サハリンと北海道の間の宗谷海峡はそれぞれ陸橋となりました。北海道は大陸から南に延びる半島の南端でした。

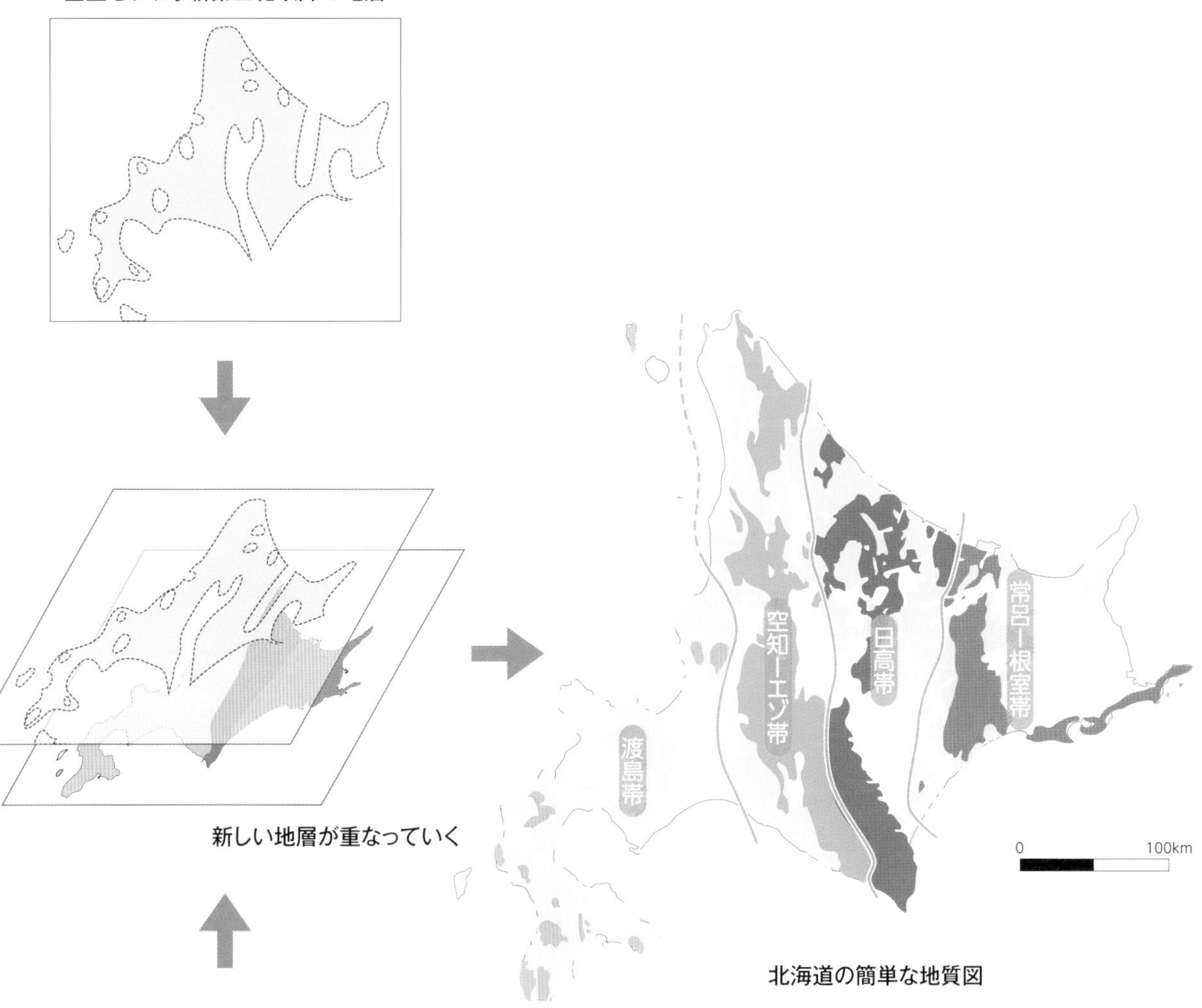


北海道の簡単な地質図

古第三紀以前の地層でできた基盤

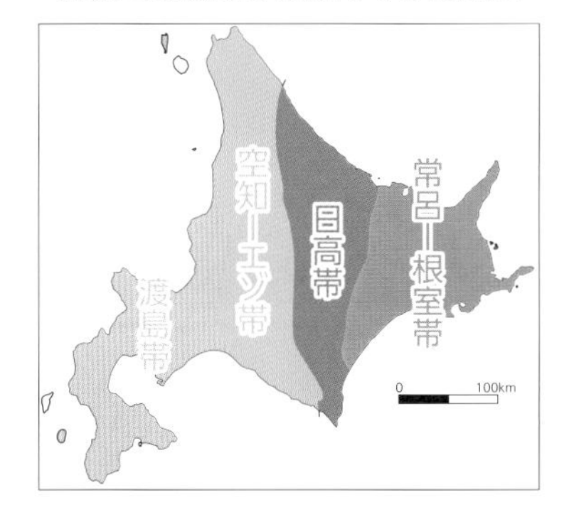


古第三紀以前にできた北海道の土台（基盤）の上に、新第三紀以降の地層が次々と重なり、現在のような北海道の地質ができました。

恐竜や海の大型爬虫類、古い哺乳類・鳥類の化石は緑色と赤色の地層（基盤）から発見されます。

黄緑色（新第三紀層）と白（第四紀層）は、基盤をおおって次々と重なるようにできた地層で、多くの海生哺乳類や陸上哺乳類はこの新しい地層から見つかっています。

新第三紀以降の化石は、その生物がすんでいた場所に近い地層に埋まった可能性が高く、それらの生物は現在の北海道地域でくらしていたと考えられます。

参考文献
日本地質学会編『日本地方地質誌「北海道地方」』（朝倉書店）
木村学・宮坂省吾・亀田純『揺れ動く大地 プレートと北海道』（北海道新聞社）

キホンのコラム…❶
column...1

# 動く大地

みなさんは日本地図や世界地図を見たことがあるでしょう。南北アメリカ大陸、オーストラリア、南極大陸、そして太平洋や大西洋など、地球の表面は陸と海が見慣れた位置にあります。

でも、この海と陸のかたちは、太古の昔からずっと同じだったわけではありません。日本列島を例にとっても、その場所も形も、時代とともにダイナミックに変わってきました。

今から２千万年以上前には、日本列島は影も形もなく、当時はユーラシア大陸の一部でした。それがある時、大陸の東の端が割れて東へ移動しました。割れ目には海が入り込んできて「日本海」となり、東に移動した陸地は「日本列島」になったのです。

なぜこのようなことが起こったのでしょうか。実は地球の表面は、海の底も含めて十数枚の「板」が組み合わされていて、常に互いに動いています。ただ、１年に数センチというとてもゆっくりした速さなので、人の一生をかけてもわかるものではありません。

この板の厚さは地下深く何十キロメートルに及んでいて、「プレート」と呼ばれています。プレートは海の底も形作っており、一定の方向に水平に動いて、プレート同士のつなぎ目で地球の奥深くへ沈み込んでいきます。プレートが動くと、その上の大地も一緒に動きます。プレートが動くことで、海や山ができたり、地震が起きたり、火山が噴火したりします。原動力は地球の奥深くから湧き上がる巨大な流れで、それによってプレートが動くのです。以上の考え方を「プレートテクトニクス」と呼びます。

恐竜が現れるずっと前から大陸はさまざまに移動していて、その度に生物の大繁栄や大絶滅が起きたと考えられています。（一島）

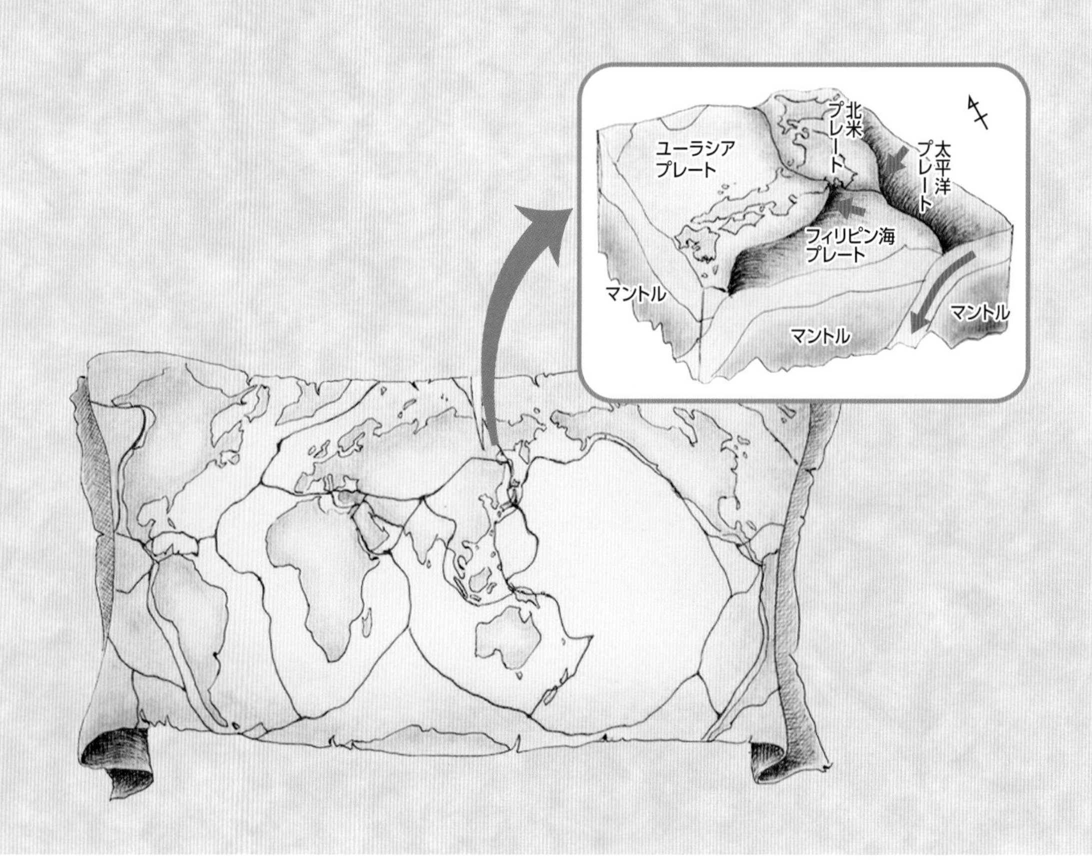

キホンのコラム…❷

# 地球カレンダー

地球が誕生したのはおよそ 46 億年前。それから現在までを、地層の変化や、そこから見つかる化石などの研究をもとに、六つの時代に分けることができます。

それらの時代の長さをわかりやすく示すのが「地球カレンダー」です。地球の誕生を 1 月 1 日午前0時とし、現在を大晦日 12 月 31 日の午前 0 時とします。生物が爆発的に登場する古生代は 11 月19 日からとなり、それ以前には生物らしい生物がいません。本書で取り上げた中生代白亜紀以降は、12 月 12 日からの話ということになります。（古沢）

## 冥王代（ハディーン）

[地質年代] ～46億～40億年前
微惑星の衝突により地球が誕生。どろどろに溶けた地球のマグマ・オーシャンから大気と海洋が生み出される。

[冥王代] 1月1日午前0時～2月17日

## 太古代

[地質年代] 40億年前～25億年前
海洋プレートがマントルに沈み込み大陸プレートを形成。生命が誕生し、シアノバクテリアによる光合成によって酸素濃度が上昇する。

[太古代] 2月17日午後～6月16日

## 原生代

[地質年代] 25億年前～5億3880万年前
超大陸パンゲアの分裂・集合がはじまる。全球凍結を経てエディアカラ動物群が出現。多様な生物群の出現によって、新たに進化した生物の多様性が生み出されていく。

[原生代] 6月16日～11月19日

## 古生代

[地質年代] 5億3880万年前～2億5190万年前
硬い殻と目をもつ生物の出現によって、周囲の状況をみて攻撃したり防御・逃避する生物が現れる。オゾン層の形成によって紫外線が減少し、植物、節足動物、脊椎動物が出現。その一部が上陸し、寒さや乾燥に耐える体の構造を獲得していく。

[古生代] 11月19日～12月12日

## 中生代

[地質年代] 2億5190万年前～6600万年前
低酸素環境の出現によって海に戻る爬虫類が出現。裸子植物が繁茂。体をよじることで肺を圧迫する四足歩行から、足を下に向けた起立姿勢で、歩きながら呼吸する恐竜、鳥類、哺乳類が出現。被子植物の繁茂。

[中生代] 12月12日～12月26日

## 新生代

[地質年代] 6600万年前～現在
激動から安定した環境へ変化し、さまざまな環境に哺乳類が進出する。5580万年前ごろから、一部の動物が海の中や高緯度へ移動。奇蹄類・偶蹄類・霊長類、鯨類・海牛類が出現。南極周極流が発生して急激に寒冷化が進む。生物の巨大化と多様化が進む。人類が出現。

[新生代] 12月26日～12月31日

地球カレンダー

1月 2月 3月 4月 5月 6月 7月 8月 9月 10月 11月 12月

## 本書の読み方

①主な古生物の主名称には学名を採用しました。
②学名の読み仮名は必ずしも統一されていません。
③解説者名の下の古生物の名称は通称名（愛称）です。
④発見地、時代、体長（もしくは全長）などのデータは、
原則として取り上げる標本化石に由来するものです。

## 目次

第1部

# 恐竜時代

## ［中生代白亜紀］

恐竜類

クビナガリュウ類

モササウルス類

カメ類

ワニ類

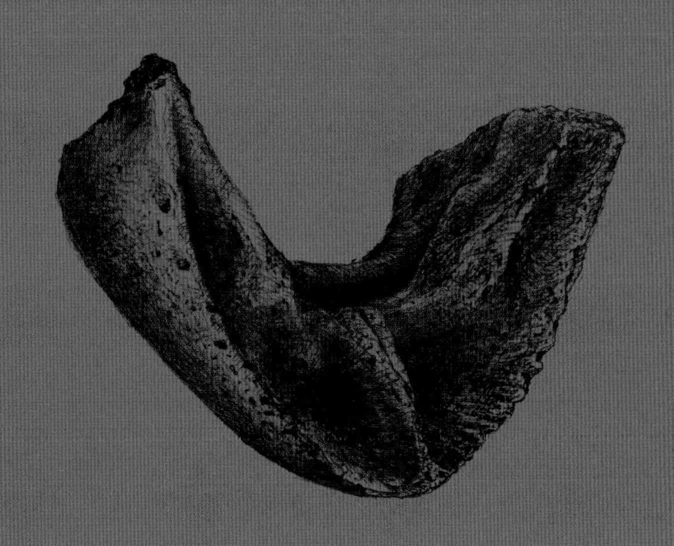

# カムイサウルス・ジャポニクス

*Kamuysaurus japonicus*

**解説**｜北海道大学総合博物館教授
**小林快次**（古脊椎動物学）

## むかわ竜

| | |
|---|---|
| 発見地 | 胆振管内むかわ町穂別 |
| 時　代 | 後期白亜紀 |
| 全　長 | 約 8m |

# 日本の恐竜の神

胆振管内むかわ町から発見された恐竜が2019年９月６日、カムイサウルス・ジャポニクスと命名されました。「カムイ」はアイヌ語で神、「サウルス」はギリシャ語でトカゲ、「ジャポニクス」は日本。つまり「日本のトカゲの神」、または「日本の恐竜の神」という意味なのです。この恐竜化石は80%を超える骨がそろっており、大きさが８メートルほどと大きな恐竜ということで「日本の恐竜研究史上最大の発見」とされています。「日本の恐竜の神」という名にはそんな意味も込められています。

# 姿を現した

## [1] 発見

この化石は2003年に、むかわ町在住の堀田良幸さんによって発見されました。沢を登ったところの崖に、大きな骨が入ったノジュールを発見しました。堀田さんは、それらを採集し、むかわ町穂別博物館に持ち込みました。この地層が海の地層だったこともあり、海棲爬虫類の首長竜の可能性を考えましたが、堀田さんは長年の経験から、首長竜ではなくてワニ類ではないかと思ったそうです。いずれにしても、この時はこの骨が恐竜だとは想像もしませんでした。

## [2] 首長竜か?

この化石は、むかわ町穂別博物館の櫻井和彦学芸員によって首長竜として収蔵庫に保管されました。その後、首長竜の専門家である佐藤たまき准教授によって研究が進められ、首長竜ではなく恐竜の化石であることがわかりました。首長竜の研究をしたかった佐藤准教授はがっかりした様子でしたが、それが恐竜であると伝えられた櫻井学芸員は心の中でガッツポーズをしたそうです。

# カムイサウルス

## [3] 大規模発掘

恐竜化石ではないかと連絡を受けた私はすぐに発見現場を訪れ、骨の続きがないか確認作業をしました。そして続きの骨が崖(がけ)に埋もれていることを確認し、2013 年と 14 年に大規模な発掘を行いました。堀田さんが発見したのは尻尾の部分でしたが、発掘を進めていくにつれて後ろあし、体、前あし、頭と全身が現れ、日本で初の大型恐竜の全身骨格の発掘となりました。それはニュースになり、日本全国から大きな注目を集めました。

## [4] 80%の骨がそろう

発掘を終えたチームは、次の段階であるクリーニング作業を行いました。発掘された岩は大きなものが多く、数も多かったため、クリーニング作業には長い時間がかかりました。むかわ町穂別博物館だけでなく、北海道大学総合博物館のボランティアなどの協力を得て作業が行われました。クリーニング作業を終え、骨を床に並べてみたところ、なんと 80% を超える骨がそろっている全身骨格であることがわかったのです。関係者全員で大喜びしたことを今でも鮮明に覚えています。

# 他の恐竜とどこが違うの?

カムイサウルスのように、恐竜が新属新種として命名されるためには、その恐竜しか持っていない特徴を探す必要があります。世界中の恐竜と比較して、この世の中に他には存在していないことを証明するのです。恐竜の全身には200以上の骨があり、それら一つ一つを他の恐竜と比較していくのがどれほど大変な作業かわかると思います。

では、カムイサウルスにしか見られない特徴とはどんなものでしょうか。それは頭骨（方形骨と上角骨）に二つ、そして脊椎骨（胴椎）に一つありました。特に注目したのは脊椎骨の特徴です。背骨には首の骨（頸椎）、胴の骨（胴椎）、腰の骨（仙椎）、尻尾の骨（尾椎）があります。そのうち、カムイサウルスの特徴は胴の骨にあります。胴の骨を一つ一つ見ると、椎体といわれる円柱のものと、その上に神経弓という複雑な構造を持った骨があります。神経弓には上に伸びる板状の骨があり、これを神経棘と呼びます。多くの恐竜の神経棘は尻尾の方に傾いているのですが、カムイサウルスの胴の骨にある神経棘はなぜか前方に傾いているのです（下の絵参照）。これは他のハドロサウルス科の恐竜には見られない特徴なのです。これらの特徴によって新属新種であることが確定しました。

カムイサウルスの大きさは8メートルほどですが、いったい何歳だったのでしょうか。恐竜の年齢は、骨を分析することで推測することができます。骨の断面には、木の年輪のような構造が残っています。これを成長停止線といいます。春から秋にかけての食料の多い時期は成長が早く、冬になると成長が遅くなります。この遅くなった時に、骨の断面に線が形成されるのです。この線を数えることで恐竜の年齢がわかります。カムイサウルスは11歳から13歳の大人であることが私たちの研究でわかりました。

## 実物大 胴椎

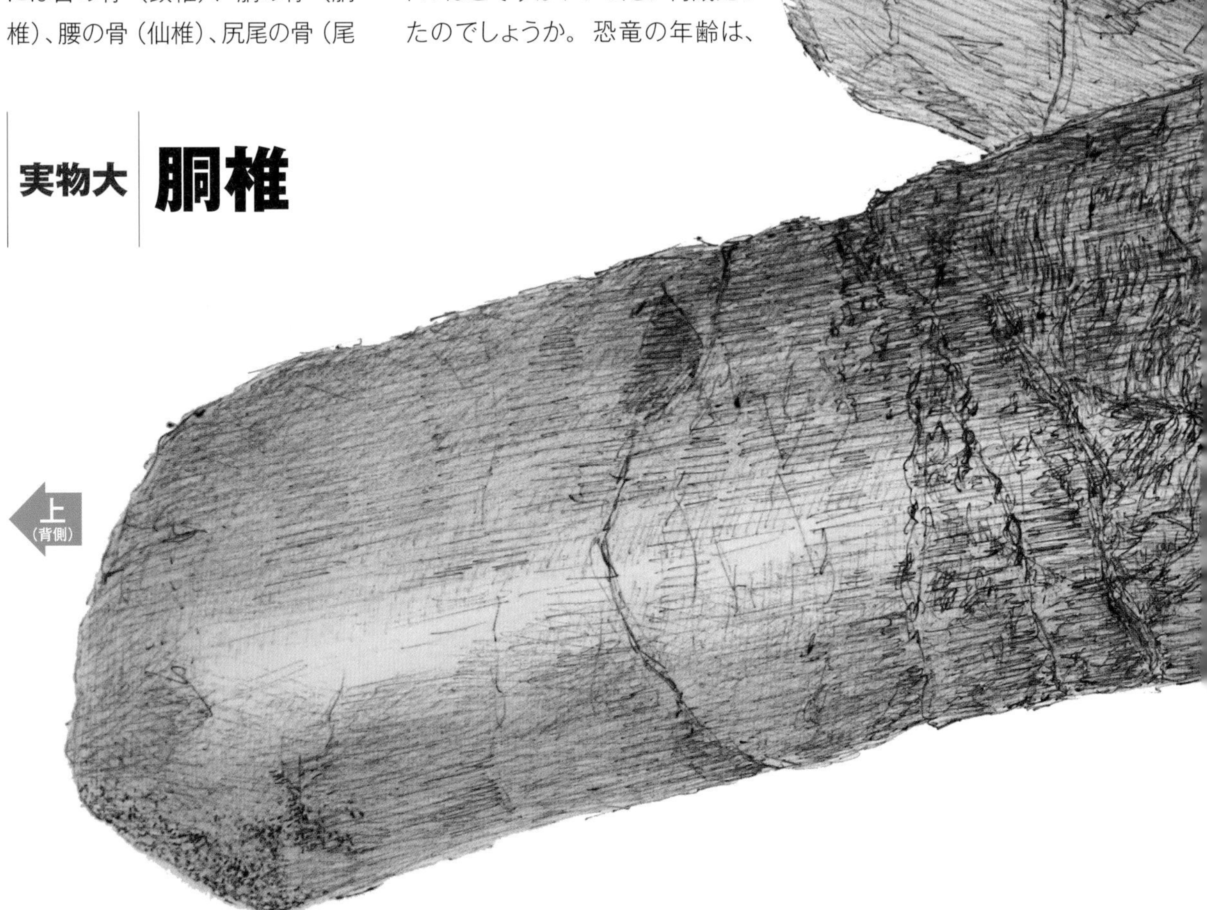

カムイサウルスは、ハドロサウルス科の中でも北アメリカやアジアの恐竜に近いことがわかっています。北アメリカの近縁種にはエドモントサウルス、アジアの近縁種には中国のシャントゥンゴサウルスとライヤンゴサウルス、そしてロシアのケルベロサウルスがいます。

カムイサウルスの祖先は、アジア大陸と北アメリカ大陸に広く分布していた恐竜である可能性があり、その中で、日本で独自に進化したのがカムイサウルスなのです。カムイサウルスは7200万年前の恐竜ですが、おそらくそれよりも1000万年前には日本地域に渡ってきたと考えられます。

多くのハドロサウルス科恐竜は集団で生活していたと考えられ、日本まで生活圏を広げました。そのうちの一つがこのカムイサウルスなのです。カムイサウルスの祖先は、北極圏を渡って北米からやってきた可能性が考えられるのです。

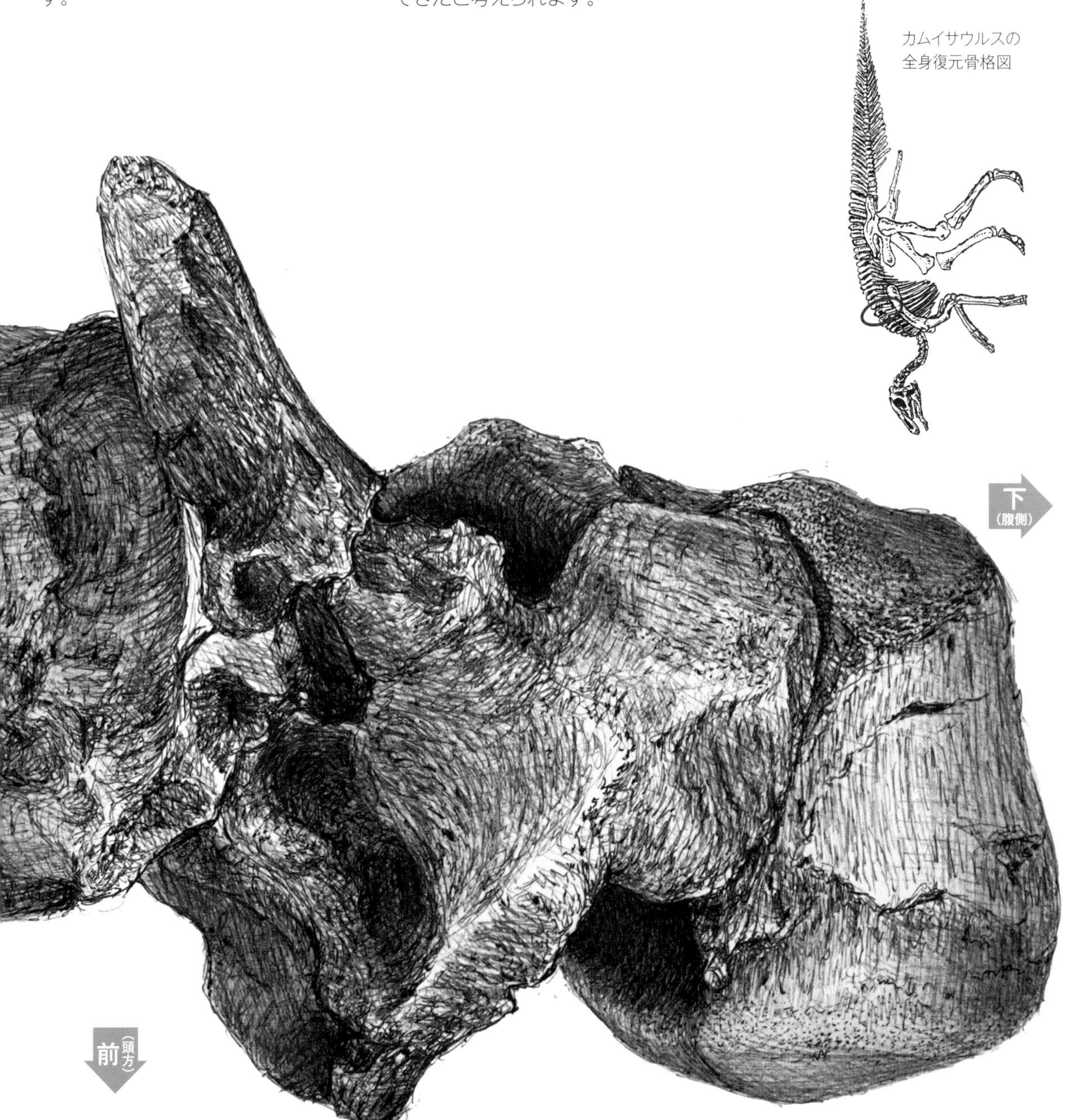


カムイサウルスの
全身復元骨格図

# どうやって北海道にやって来たの?

カムイサウルスの化石が海の地層から発見されたということも大事なことです。この恐竜が海岸線にすんでいた恐竜であり、恐竜時代の日本の海岸付近にはたくさんの恐竜がすんでいたことを教えてくれるのです。海岸線は、内陸よりも穏やかな気候が広がっていたことでしょう。さらに、植物や動物など多様な生命がすみつき、その中でカムイサウルスは集団で生活していたと考えられます。

ハドロサウルス科にとって、海岸線の環境は、進化と移動において重要なものであることもわかっています。この生命豊かな環境でハドロサウルス科は繁栄のスタートを切り、北アメリカ大陸からアジア大陸に渡ってくるときに通らなければならなかった北極圏でも生活できたのでしょう。海岸線にすんでいたカムイサウルスは、運の悪いことに、洪水や津波といった災害によって海に投げ出されて海底に沈み、化石になったと推測されます。

カムイサウルスの実物化石写真(提供／むかわ町穂別博物館)

# 何をどのように食べていたの?

カムイサウルスはクチバシを上手に使って植物を食べていました。クチバシは、私たち人間でいう前歯のような役割をしていました。ハドロサウルス科恐竜の顎には千本近い歯が敷き詰められており、植物を口の中で細かく切り刻むことができました。植物を上手に食べることで大繁栄して世界中に生息域を拡大し、北極圏や南極圏などの厳しい環境にも適応できたのです。

カムイサウルスにトサカがあったかどうかははっきりしません。なぜなら、とさかの部分が欠けていて残っていなかったからです。ただ、トサカの土台の部分は残っており、それがアメリカのブラキロフォサウルスに似ているため、私たちはカムイサウルスにはこの恐竜のようなトサカがあったと考えました。平たくしゃもじのような形をしたトサカが頭についていたのです。このトサカで異性をひきつけたり、仲間を見分けたりしていたのでしょう。

# 二足歩行か?

カムイサウルスは普段どのような姿勢をしていたのでしょうか。ハドロサウルス科は一般的に、歩いている時には四足歩行で、走ると二足歩行になるといわれています。また、子供の時には二足歩行が多く、大人になって体重が重くなると四足歩行が多くなったのではないかと考えられています。

四足歩行は体を安定することに役立ち、二足歩行はより高いところの葉っぱを食べるのに役立ちます。カムイサウルスも他のハドロサウルス科と同じように、二足歩行と四足歩行を使い分けていたのかもしれません。ただ、カムイサウルスの前あしは細く、他のハドロサウルス科ほどは強くありませんでした。つまり、体重を支えるのにはあまり向いていないということです。もしかしたら、この絵のように二足歩行の方が多かったのかもしれませんね。

# それとも四足歩行か?

二足歩行か四足歩行かという問題は、カムイサウルスの体重を推測するのに大きな関係があります。四足歩行の場合、太ももの骨（大腿骨）と腕の骨（上腕骨）の太さから体重を推定します。二足歩行の場合は太ももの骨だけで推定します。もしカムイサウルスが二足歩行だったとしたら、体重は4トン程度と推測され、四足歩行だとしたら約5.3トンと計算されます。どのような歩き方をしていたのかまだわかっていないため、カムイサウルスの体重は4トンから5.3トンと推定されています。どちらにしても大きな恐竜には変わりありません。

# ハドロサウルス科

Hadrosauridae indet.

発見地：留萌管内小平町
時　代：後期白亜紀
全　長：約 3m

1972 年、旭川在住の方によってこの化石が発見されました。当時は恐竜ではなく木の化石だと考えられていました。しかし 91 年に恐竜の化石であることが確認され、北海道で最初の恐竜化石発見となったのです。78 年に岩手県から発見された恐竜化石が、現在の日本国土から最初に発見された恐竜化石といわれていますので、小平の恐竜化石が発見された当初に恐竜であるということがわかっていれば、日本で最初の発見となっていたのです。恐竜の種類は、ハドロサウルスの仲間だということがわかっています。つまり、これが北海道で最初のハドロサウルスの仲間の化石となり、カムイサウルスは 2 例目となります。

発見されているのは腰の骨（腸骨）と後ろ足の骨（大腿骨）の二つの骨です。どちらの骨も完全に骨が残っているわけではなく、保存された部分で 30 センチ弱と、恐竜としてはそれほど大きなものではありません。あくまでも推定ですが、全長は3メートルほどだったのではないでしょうか。ハドロサウルスの仲間は大人になると7メートル以上になるものが多いので、小平の恐竜は半分程度の大きさということになります。この恐竜は、小さな体をしたハドロサウルスの仲間だったのか、それとも大きな恐竜の子供だったのか。どちらの可能性もありますが、子供のものであると考えるのが正解だと思います。（小林）

# ティラノサウルス類

Tyrannosauridae indet.

発見地：芦別市
時　代：後期白亜紀
全　長：約6m？

2016年に奈良県のアマチュアによって発見されました。サメの化石を採集している時に、岩の中から黒く大きな骨を発見しました。大きさ9センチほどの化石で、恐竜の椎体だということがわかっていました。研究を進めた結果、この骨が恐竜の仲間である獣脚類の尻尾の骨の椎体であることがわかりました。

ただ、たった一つの骨で恐竜の種類を断定するのは至難の業です。この恐竜化石が発見されたのが北半球の白亜紀後期の地層であることから、ある程度は絞り込むことができました。椎体だけで9センチという大きさから中型のティラノサウルス類のものであると判断されました。これが北海道で初めての肉食恐竜の化石となったのです。

ティラノサウルスの仲間の化石は、東北から九州まで日本の4カ所から報告されています。芦別の化石は海の地層から発見されており、福島県に次いで国内2例目となりました。恐竜時代の日本の海岸には、植物食恐竜だけでなく、このような肉食恐竜もすんでいたことが明らかになったのです。今後、この化石はティラノサウルスの仲間が巨大化する謎を解明する手がかりとなる可能性があります。（小林）

# ノドサウルス科

Nodosauridae indet.

発見地：夕張市
時　代：後期白亜紀
全　長：?

1997年、北海道のアマチュアが首長竜の化石を探しに夕張の山に入った時に偶然発見されました。発見当初はノジュールの表面に骨が出ているだけで、詳しいことはわかりませんでした。とりあえず首長竜の頭の化石であると考え、博物館でクリーニング作業を行いました。すると、鋸歯のある歯が現れ、ヨロイ竜の化石であることが判明しました。クリーニングを続け、骨の周りの石が取り除かれると、頭骨の左半分と首の骨であることが明らかになりました。

当時東京で開かれていた恐竜展に来ていたアメリカの研究者に相談したところ、ヨロイ竜であることが確認されました。その後の研究で、ヨロイ竜の中のノドサウルス科のものであることがわかりました。

ヨロイ竜は肉食恐竜から身を守るために、体を骨の

板や塊で覆っています。体は全体的に平たく、四足歩行で、足は長くありません。「亀のような恐竜」と言ってもいいでしょう。

ヨロイ竜には、大きく分けて二つのグループがあります。アンキロサウルス科とノドサウルス科です。アンキロサウルス科は、尻尾の先に大きなコブを持つことがあり、尻尾全体がハンマーのような形になっています。肉食恐竜が襲ってきた時には、この尻尾を振り回して反撃していたと考えられます。一方ノドサウルス科は尻尾にコブを持ちません。その代わり、肩に大きな棘（とげ）を持っていることがあります。実際に攻撃に使ったかどうかはわかりませんが、それで敵を威嚇することができたのでしょう。

アンキロサウルス科は北半球に広く分布していましたが、ノドサウルス科はなぜかアジア大陸にはやって来ませんでした。モンゴルや中国から発見されているヨロイ竜はアンキロサウルス科だけなのです。その中で、なぜか北海道にだけノドサウルス科が生息していたことになります。夕張の恐竜は、世界的にもとても重要であるといえます。

では、この夕張の恐竜は、いつどのようにアジアに やって来たのでしょうか。この疑問はまだ解明されていません。ノドサウルス科についての謎は多く、今後の研究によって進化の謎が解き明かされるかもしれません。（小林）

# パラリテリジノサウルス・ジャポニクス

*Paralitherizinosaurus japonicus*

発見地：上川管内中川町
時　代：後期白亜紀
全　長：約3m？

パラリテリジノサウルスの化石は2000年にアマチュアの手によって発見されました。発見当初は骨を含むノジュールと見られ、恐竜化石とは考えられていませんでした。その後、大学院生のクリーニング作業によって、ノジュールから立派な爪（末節骨）が現れたのです。

急いでクリーニング作業を進めたところ、恐竜の仲間である獣脚類の手の化石であることがわかりました。早稲田大学の研究チームによってさらに研究が進められ、08年、獣脚類の中でもマニラプトル類というグループのものであることがわかりました。

22年には、北海道大学の研究チームが、新属新種の恐竜としてパラリテリジノサウルス・ジャポニクスと命名し、発表しました。この恐竜の爪は、獲物を襲うためのものではなく、葉のついた枝を口へ手繰り寄せるために使っていたことがわかりました。

モンゴルには、テリジノサウルスという有名な恐竜がいます。パラリテリジノサウルスは、テリジノサウルスととてもよく似ていることがわかりました。ただ、テリジノサウルスは大きさが10メートルと巨大で、中川町の恐竜は3メートルほどとあまり大きくありませんでした。今後、新たな化石標本が見つかれば、小さい恐竜だったのか、大きな恐竜の子供だったのかがわかるでしょう。（小林）

## 実物大　爪

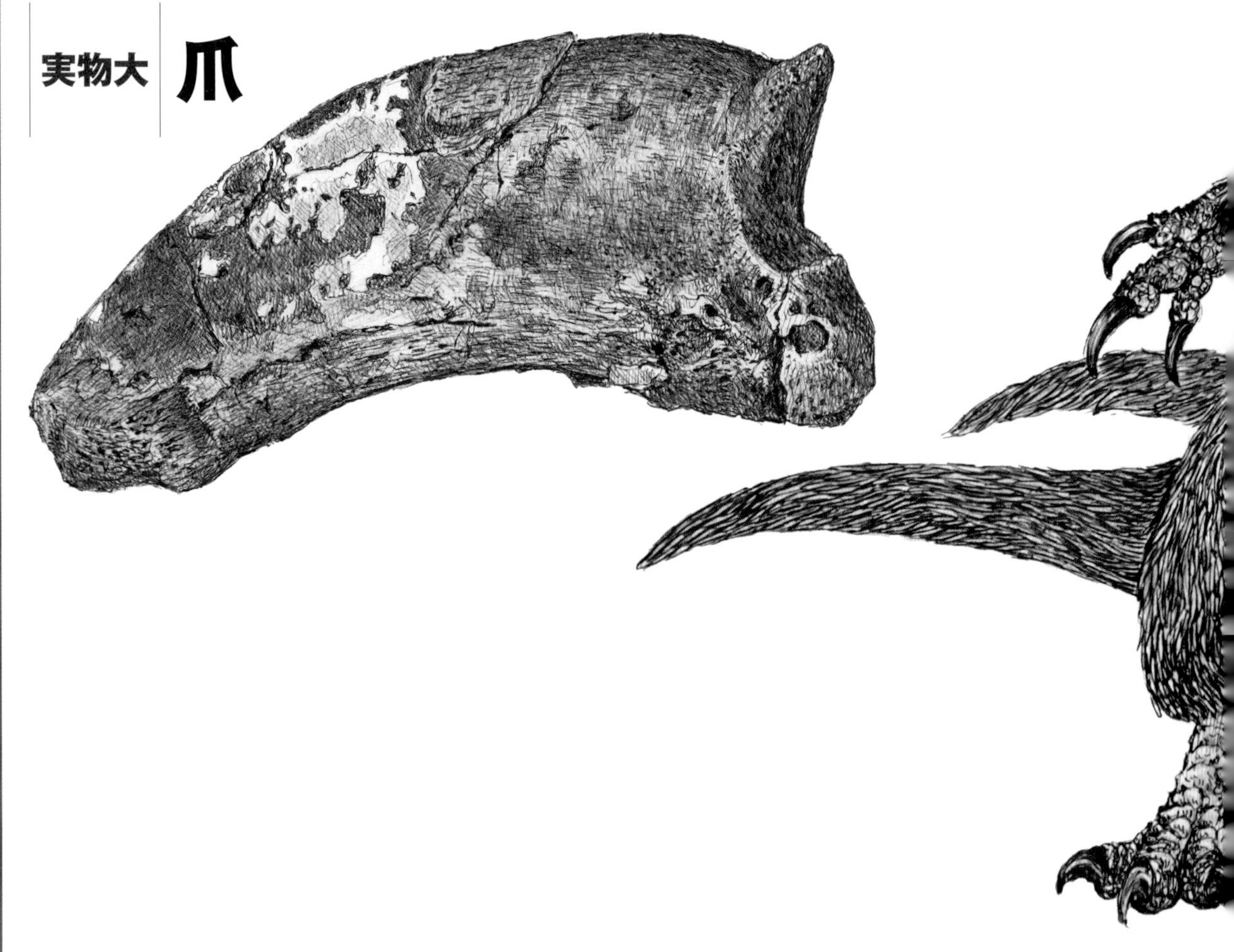

後期白亜紀の北海道にすんでいた恐竜たち。時代は異なるため、このようにすべて同時期にすんでいたわけではないが、すべての化石が海成層から発見されているため、このように海岸で生活していたと考えられている。

# 海生爬虫類とは

中生代には、陸上では恐竜が、空では翼竜が大繁栄し、海にも数多くの爬虫類がいました。脊椎動物の仲間は今から約５億年前に海中で誕生しました。魚の仲間として大繁栄した中から、地上に上陸した両生類が誕生しました。

両生類はデボン紀（４億1600万年前～３億5900万年前）に誕生し、三畳紀（２億５千万年前～２億年前）にかけて栄えました。水中に卵を産み、卵からかえった子ども（幼生）のうちは水中にいて鰓（えら）呼吸をし、大人になると上陸して肺呼吸となります。大人になったら陸上で生活しますが、皮ふは乾燥に弱いため、水辺の近くで生活します。

約３億年前には両生類から爬虫類が誕生し、中生代を通じて世界中で大繁栄しました。殻のある卵を陸上に産み、皮ふはウロコでおおわれて乾燥に耐えることができるようになりました。爬虫類は両生類に比べて、陸上生活により適した体になりました。

上陸した爬虫類の中で、ウミガメなど再び海を生活場所にしたグループがあります。「海へ帰った爬虫類」とも呼ばれる海生爬虫類です。鰓ではなく肺で呼吸するため、時々海面から顔を出して空気を吸う必要があります。陸上で体を支えていた前後の足がヒレに変わったものもいました。陸上に卵を産む代わりに、水中で子どもを産むようになったものもいました。

中生代を通じて大繁栄した海生爬虫類も、中生代が終わるとともに大部分が姿を消し、現在はウミガメなどがごくわずかに残っているだけとなりました。それに代わって、クジラなどの海生哺乳類が誕生し、現在の海を泳いでいます。

（むかわ町穂別博物館館長・櫻井和彦、協力／佐藤たまき＝神奈川大学理学部生物科学科教授）

海生爬虫類とその近縁生物の系統・進化


Benton(2015)に基づき作成
(分岐の年代はイメージ)

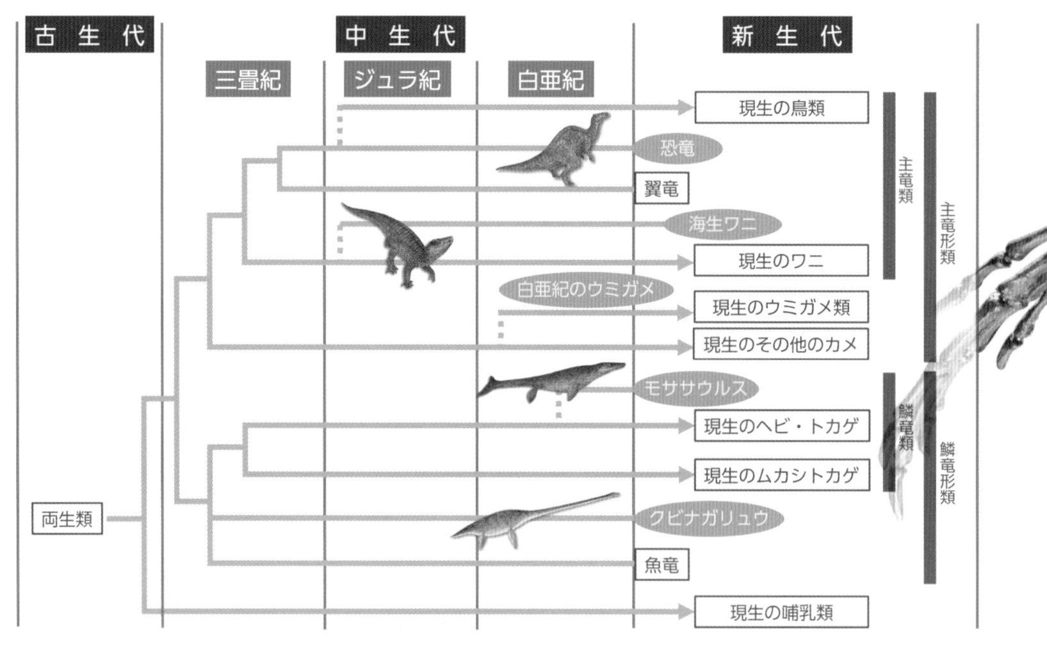


参考文献
Benton, M. J., 2015. Vertebrate palaeontology (Fourth edition). Willey-blackwell.

このあとのページで紹介するクビナガリュウ、モササウルス類、ウミガメ類の骨格や生態を比べる時には、次の点に注意して見てみましょう。

**①ヒレの形**

前後の足はヒレの形になりました。大きなヒレを作るため、どのような工夫がされているでしょうか?

**②泳ぎ方**

爬虫類の海中での泳ぎ方は主に、前後の足を使う場合と、尾を使う場合があります。

**③子どもの残し方**

陸上に卵を産む場合と、水中で子どもを産む場合がありました。

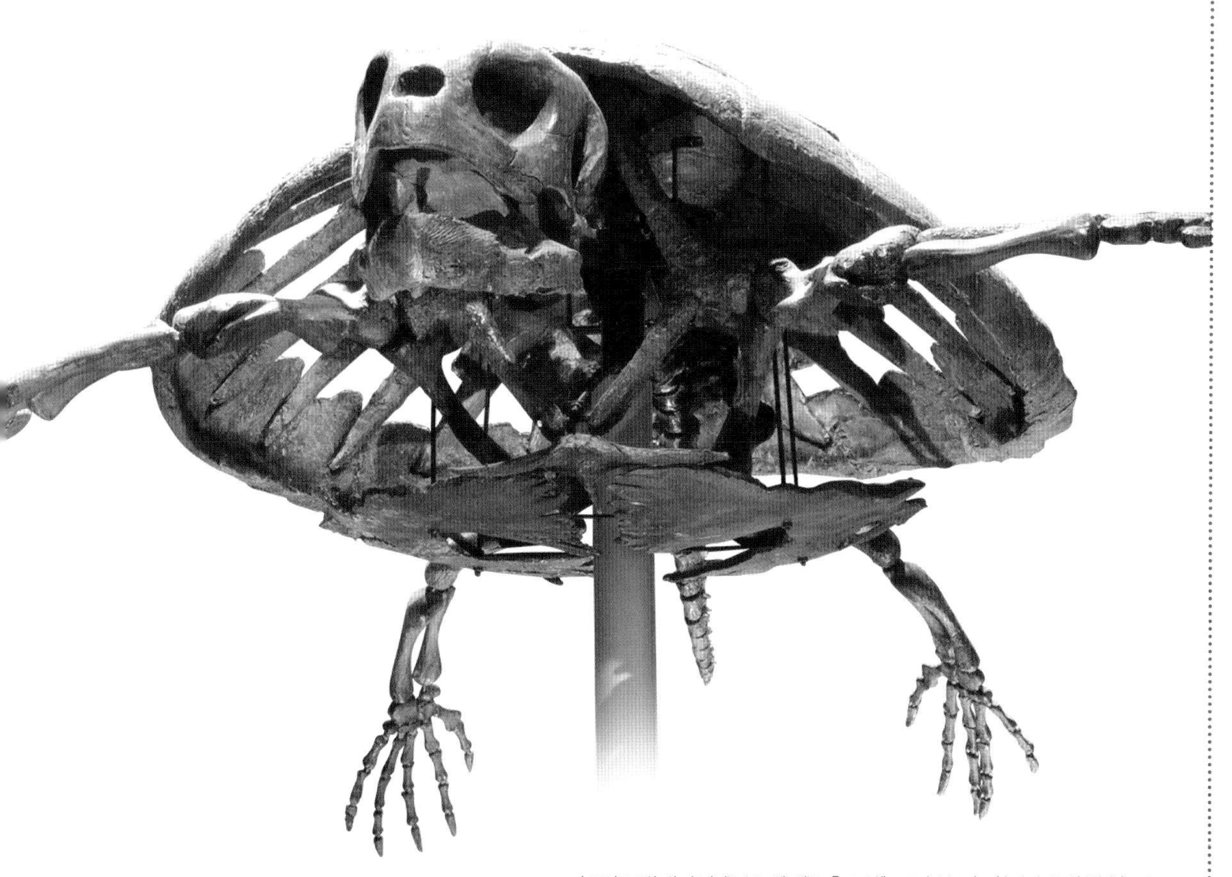

白亜紀の海生爬虫類ウミガメ類「メソダーモケリス」(むかわ町穂別産)★
(P49までの★の写真はすべてむかわ町穂別博物館提供)

# ホベツアラキリュウ

Elasmosauridae gen. et sp. indet.

**解説** | **櫻井和彦**（むかわ町穂別博物館館長）

## ホベツアラキリュウ（ホッピー）

発見地：胆振管内むかわ町穂別
時　代：後期白亜紀（約 8000 万年前）
全　長：約 8m

現在
新生代
第四紀
完新世
更新世
新第三紀
鮮新世
中新世
古第三紀
漸新世
始新世
暁新世
中生代
白亜紀
ジュラ紀
三畳紀
古生代
先カンブリア時代

# 泥の中から発見

むかわ町穂別では、約 9000 万～ 8000 万年前の地層から、クビナガリュウ化石がいくつも発見されています。その一つがホベツアラキリュウです。当時の穂別町（現在のむかわ町穂別）に住んでいた荒木新太郎さんによって 1975 年に最初の化石が発見され、77 年に穂別町が中心となって発掘調査が行われました。

小さな沢の泥の中に埋まっていた何十個という石を回収し、その石の中から骨化石を取り出すクリーニング作業が 3 年半かけて行われました。その結果、首の付け根から尾の付け根の間の、前後の足を含んだ胴体部分であることが分かりました。見つからなかった部分を付け足し、全身骨格が復元されました。

日本産クビナガリュウの全身復元はこれが 2 例目でした。この化石を地元に残したいという荒木さんの思いにこたえ、穂別町立博物館（現在のむかわ町穂別博物館）が 82 年に開館しました。

協力／佐藤たまき（神奈川大学理学部生物科学科教授）

# クビナガリュウとは

クビナガリュウは、中生代に繁栄した海生爬虫類の1グループで、鰭(き)竜目・長頸竜亜目に含まれる動物のことです。最も古い化石は三畳紀後期から発見されていて、その後のジュラ紀と白亜紀まで世界中の海で繁栄しました。大きな流線形の体と短い尾、長く伸びたヒレの形をした四肢が特徴です。

クビナガリュウの仲間は大きく二つに分けられています。一つ目がプレシオサウルス類で、その多くは首が長く頭が小さいのが特徴です。首がやや短く頭が少し長いグループも含まれています。全長は3m程度から10mを超えるものも知られています。

二つ目はプリオサウルス類です。首がとても短く、代わりに大きな頭を持っていて、上下のあごには太く鋭い歯がびっしり生えていました。最大で全長は15mあったとも考えられています。

クビナガリュウの仲間は中生代の終わりの白亜紀末期6600万年前に地球上から姿を消しました。

## 実物大 ホベツアラキリュウの指

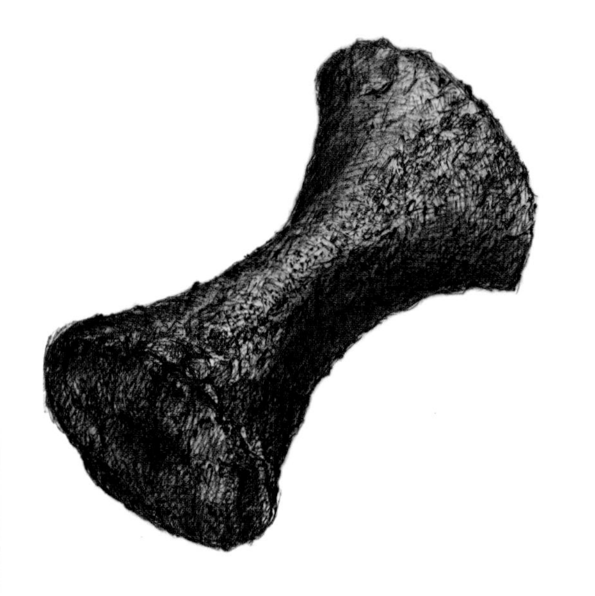

## クビナガリュウのひみつ

### [1] ヒレの形

前後の足は、お互いに似たような形と大きさのヒレになっています。5本の指の1本あたりの骨の数が10個以上に増え、全体の長さを伸ばしています。ヒレは途中ではほとんど曲がらなかったようです。

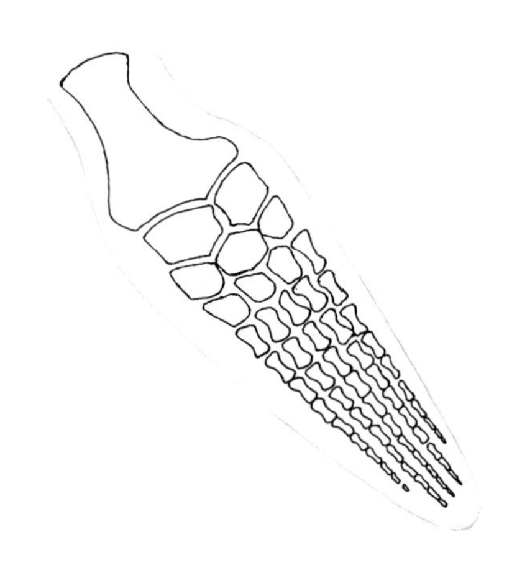

### [2] 泳ぎ方

クビナガリュウの前後の足は、長くて大きなヒレの形をしています。この足を交互に上下に動かし、まるで水中を羽ばたくような水中飛翔と呼ばれる泳ぎ方だったと考えられています。現在の生物ではウミガメやペンギンが同じような泳ぎ方をしていますが、彼らは大きな前足だけを使って泳ぎます。前後の両方の足を使って泳いでいる動物は現在はいないため、クビナガリュウがどのように泳いでいたのか、くわしいことは分かっていません。

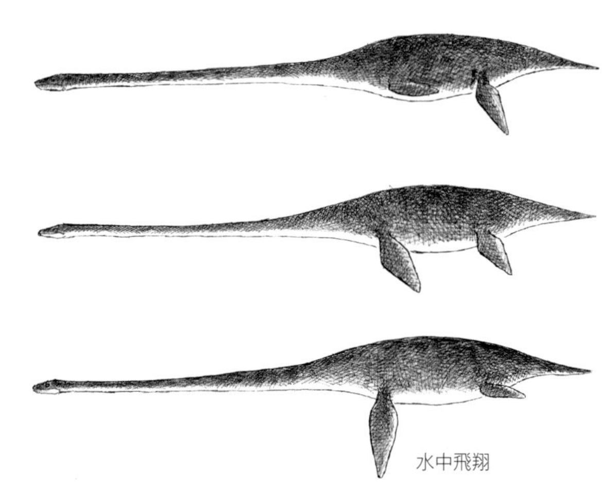
水中飛翔

## [3] 子どもの残し方

クビナガリュウは、卵と子どものどちらを産んだのでしょうか？　前後の足はヒレの形で、肩や腰の骨は背骨としっかり結びついてはいないため、上陸することは難しかったと考えられます。そのため、卵ではなく子どもを産んだのだろうと考えられてきました。最近、お腹の中に子どもがいる化石が見つかり、子どもを産んだことが確認されました。

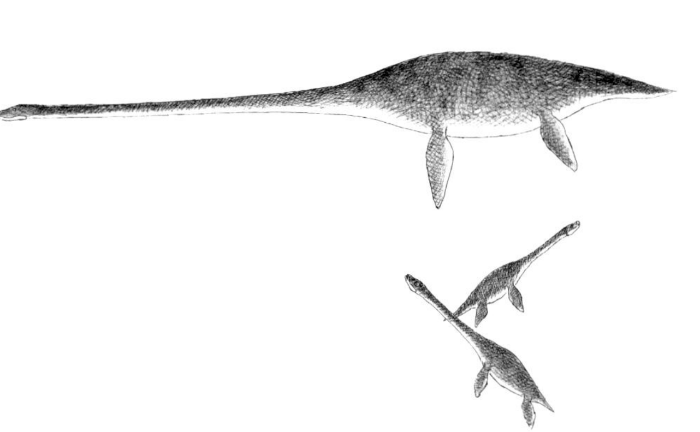

## [5] 胃石

胃石はホベツアラキリュウでも見つかっています。直径数センチで、角が丸くなっています。化石の埋まっていた場所が大きな石が混じるような環境ではないこと、胃にあたる部分から見つかっていること、病気などでできる石ではないことなどから、自分で飲み込んだと考えられています。海中でバランスを取るためと考えられていますが、他の考えもあります。

★

## [4] 食べ物

プレシオサウルス類の頭は小さく、歯は細くとがっています。固い殻や骨をかみ砕くことはできずに、小さなえものを捕まえて丸のみしていたと考えられています。胃の内容物の証拠から、小魚、イカやタコに近い仲間が知られていて、小さなアンモナイトを丸のみしていたことも分かっています。

プリオサウルス類の頭は大きく、歯は太くてとがっています。魚や他の海の爬虫類の骨をかみ砕いたり、肉を切り裂いたりしたのでしょう。

## [6] 長い首は何のため？

クビナガリュウにはたくさんの首の骨（頸椎）があります。首の長いエラスモサウルス類では70個を超えるものもいました。長い首は自由に曲げることができたのでしょうか？　骨の形を見ると、骨同士の接する面（前後の関節面）はほとんど平らで、大きく動かすと外れてしまいそうです。また、首の後ろの方では、背中側に曲げると、伸びている突起がお互いにぶつかってしまいそうです。そのため、ハクチョウのようにS字の形などに首を曲げることはできなかったと考えられています。あの長い首は一体、何のためにあったのでしょうね？

# 北海道のクビナガリュウ

　プレシオサウルス類は、むかわ町穂別のほかに浦河町、羽幌町、小平町、中川町などから小さな標本も含めていくつも発見されています。道外では、フタバスズキリュウの発見された福島県いわき市のほか、鹿児島県、香川県、兵庫県淡路島などから発見されています。

　プリオサウルス類は三笠市、羽幌町、中川町から小さな標本が発見されています。

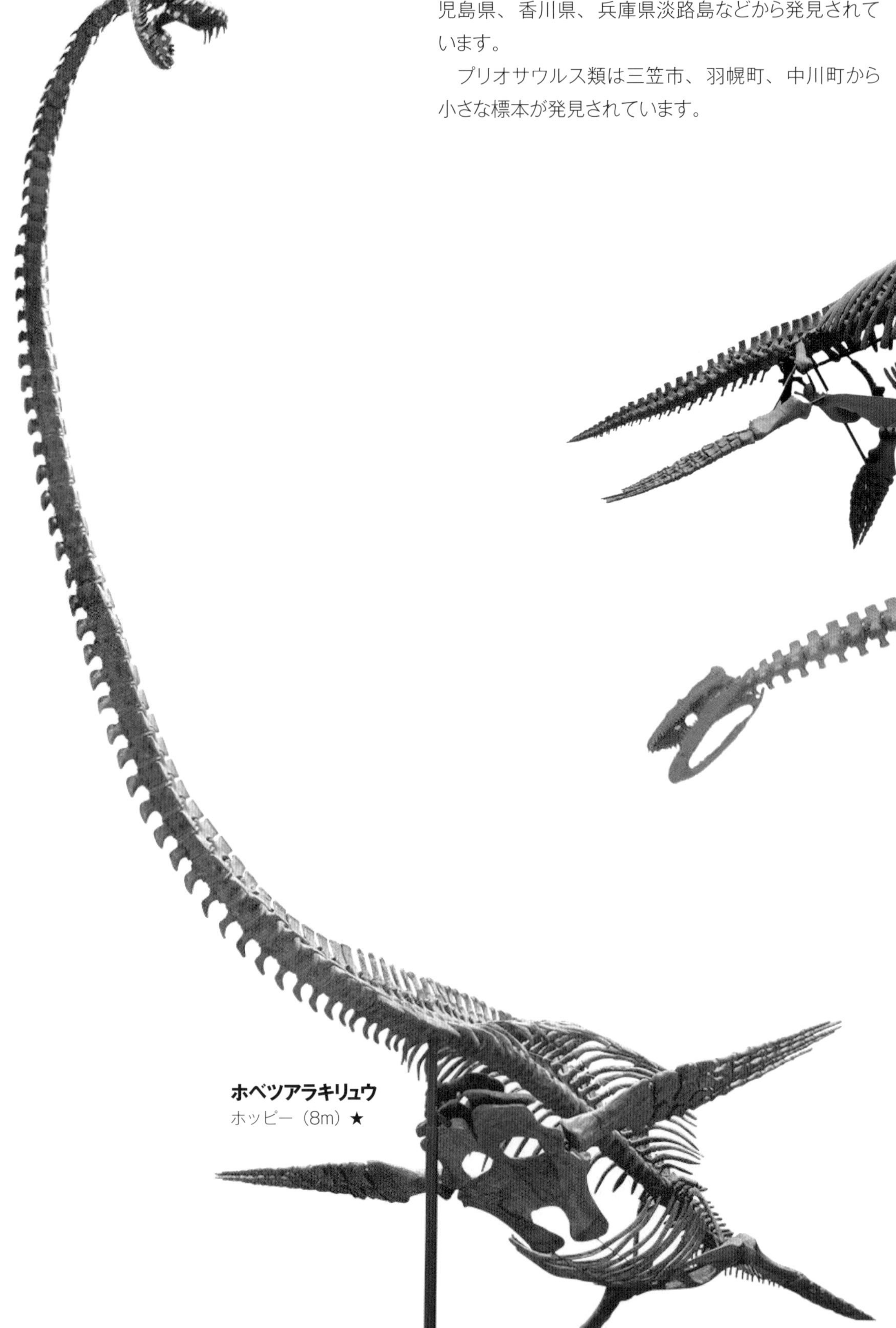

**ホベツアラキリュウ**
ホッピー（8m）★

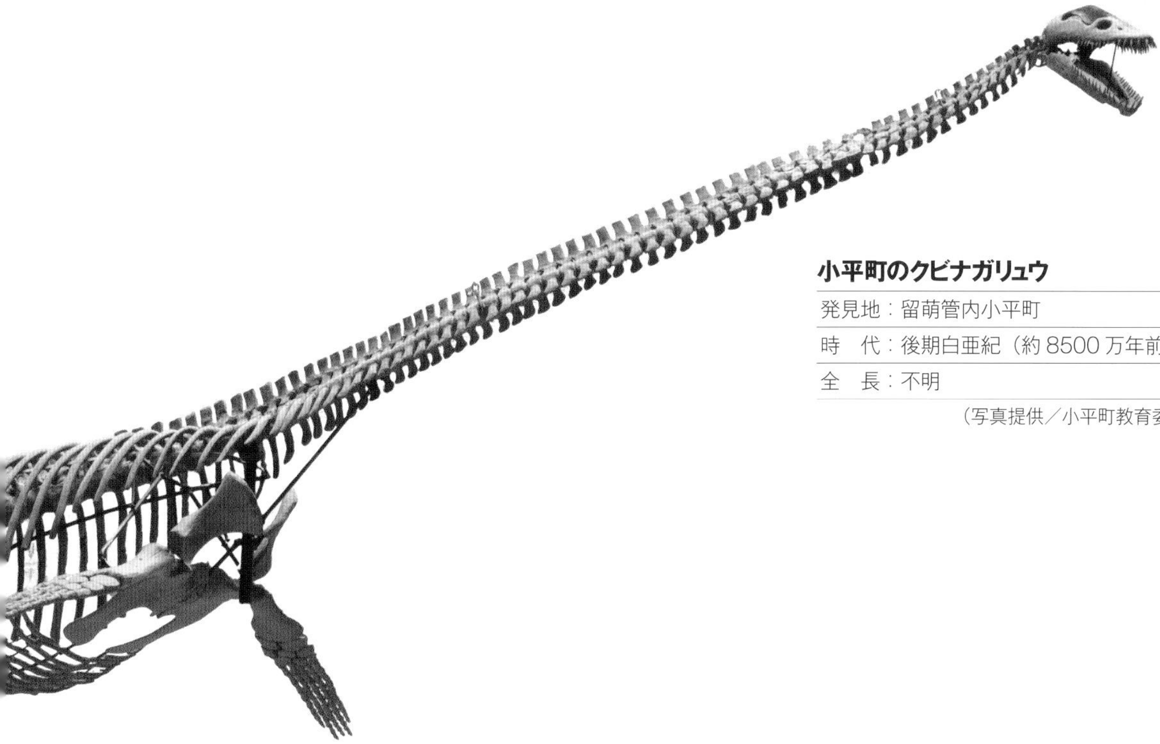

**小平町のクビナガリュウ**

発見地：留萌管内小平町
時　代：後期白亜紀（約 8500 万年前）
全　長：不明

（写真提供／小平町教育委員会）

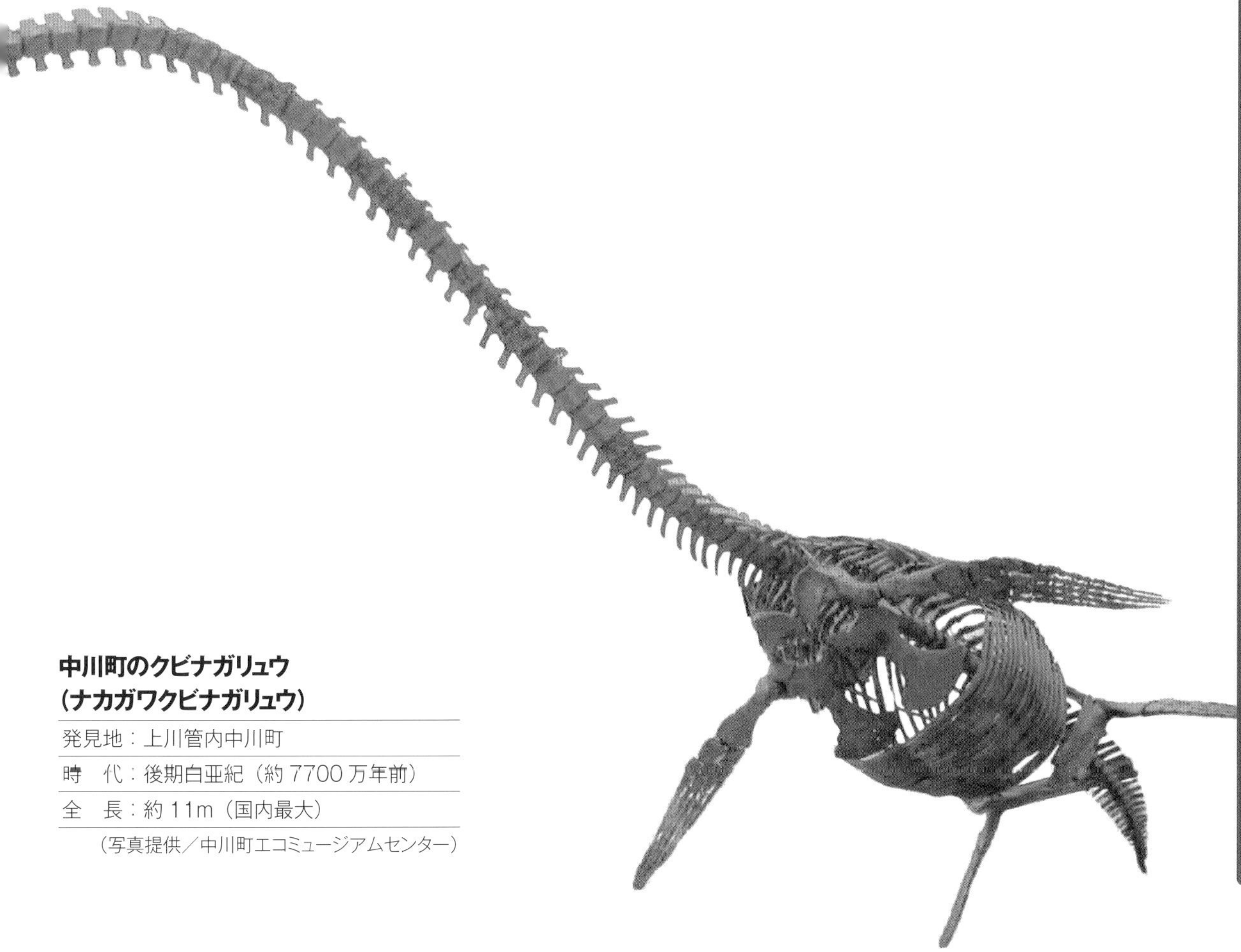

**中川町のクビナガリュウ（ナカガワクビナガリュウ）**

発見地：上川管内中川町
時　代：後期白亜紀（約 7700 万年前）
全　長：約 11m（国内最大）

（写真提供／中川町エコミュージアムセンター）

# フォスフォロサウルス・ポンペテレガンス

*Phosphorosaurus ponpetelegans*

発見地：胆振管内むかわ町穂別
時　代：後期白亜紀（約 7200 万年前）
全　長：約 3m

現在
新生代：第四紀（完新世・更新世）、新第三紀（鮮新世・中新世）、古第三紀（漸新世・始新世・暁新世）
中生代：白亜紀、ジュラ紀、三畳紀
古生代
先カンブリア時代

# 夜行性の
# モササウルス類

　フォスフォロサウルスは2009年にむかわ町穂別で発見され、日本では前例のなかったハリサウルス類（モササウルス類の一種）に含まれることが分かりました。研究する上で重要な頭を作っている骨がとてもきれいな状態で見つかり、頭の骨を再現することができました。その結果、目が大きいこと、鼻が低いため両目で前を見ることができる（両眼視ができる）ことが分かりました。
　モササウルス類はヘビやトカゲの仲間です。ヘビの仲間で両眼視ができる種類は夜に活動することから、フォスフォロサウルスは海の爬虫類として世界で初めて、夜行性であると考えられました。
　フォスフォロサウルスの化石が発見された場所のすぐ近くの同じ時代の地層から、体がより大きく泳ぎも上手だったと考えられているモササウルス・ホベツエンシスが発見されています。フォスフォロサウルスは、モササウルス・ホベツエンシスとエサの取り合いをしても勝てないことから、夜に活動することを選んだのでしょうか。

執筆協力／小西卓哉（アメリカ・シンシナティ大学）

# モササウルス類とは

モササウルス類は、中生代白亜紀後期の海で大繁栄した海生爬虫類の1グループで、有鱗目という現在のヘビやトカゲと同じグループに含まれます。モササウルス mosasaur という名前は、「マース川（オランダ語 Maas）のトカゲ（saur）」という意味で、最初の化石がオランダのマース川近くで発見されたためつけられました。

モササウルスは約 1 億年前、白亜紀の中ごろに進化し、白亜紀後期に世界中の海に広がりました。細長い体に太く長い尾と尾ビレがあり、前後の足は小さなヒレになっていました。当時は海の食物連鎖の頂点に位置していたと考えられています。小さな種類は全長 3m ほどですが、大型の種類は全長 12m にも達したようです。大繁栄したモササウルス類は、白亜紀の終わりに恐竜などとともに姿を消しました。

## 実物大 歯

クロビデンス

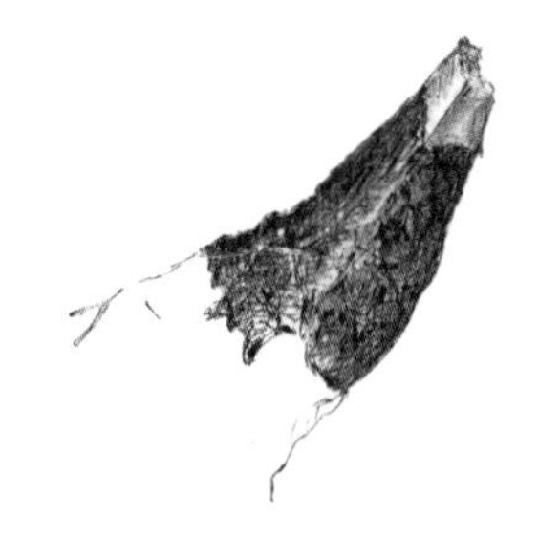

ティロサウルス

## モササウルス類のひみつ

### ［1］ヒレの形

5 本の指のそれぞれの骨は少し平らになり、クビナガリュウと同じように指の 1 本あたりの骨の数が増え、全体の長さを伸ばしています。

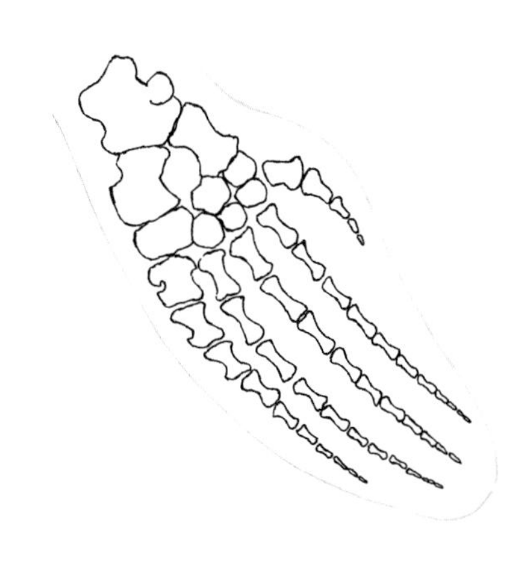

### ［2］泳ぎ方

モササウルス類は、ヒレになった前後の足ではなく、長く太い尾を左右に振って泳いでいたと考えられています。尾を作っている背骨（尾椎）の先端は下に折れ曲がり、その上には肉質のヒレが上にのびて、上下に幅広い尾ビレをもっていたようです。

モササウルス類の細長い体は、獲物を待ち伏せして短い距離を一気に泳いで捕まえるのに適していました。一方で、新しい時代のモササウルス類の中には、長距離を泳ぐことに適した種類がいたことも知られています。

## [3] 子どもの残し方

モササウルス類の前後の足はヒレの形となり、陸上で体を支えることはできませんでした。また、後ろ足がつながる骨盤の骨はとても細く、背骨とがっしり結びついてはいません。このような骨格の作りでは、陸に上がれたとはとても考えられません。

実は、お腹の中に子どもを抱えた化石が発見されています。モササウルス類は一生を海で過ごし、子どもも水中で産んだようです。しかも陸の近くではなく、広い海の真ん中で産んだらしいことが分かっています。

## [4] 食べ物

モササウルス類のアゴは大きく、太くとがったナイフのような歯がたくさん並んでいて、肉を切り裂いたり、骨をかみ砕いて食べることができたと考えられています。胃の内容物として、大型の魚、海鳥、ウミガメ類、小型のクビナガリュウが知られ、なんと他のモササウルス類の骨も確認されたそうです。海にいたいろいろな生き物をエサにできたから、世界中で大繁栄できたのでしょう。中にはボールのような形の歯を持った種類もいて、カキ貝などの殻をかみ砕いていたようです。

## [5] のどの奥にも歯?

モササウルス類の口の中をのぞいてみましょう。あごのへりにある歯（縁辺歯）のほかに、のどの奥にも歯があります。これは「翼状骨」という骨にはえていることから「翼状骨歯」と呼ばれています。それにしても、上にしかないこの歯は一体、何のためにあるのでしょうか?

ヘビも翼状骨歯を持っていて、この歯を使って大きな獲物を逃がさないように飲み込むようです。モササウルス類も同じように、この歯を使って、獲物を逃がさないようにして飲み込んでいたのでしょうか。

★

## [6] あごの関節

モササウルス類は頭の骨と下あごの骨の間に方形骨という別な骨があり、その上下でつながっています。

下あごは、片側で6～7個の骨が組み合わさってできているため、中央付近で上下に動かしたり、外側や内側に動かしたりできたと考えられています。

また、おでこの骨（前頭骨）と頭の上の骨（頭頂骨）の間にも関節があり、上あごを少し持ち上げることができたようです。

これらのあごや頭部の関節を自由に使って、モササウルス類は大きな獲物をくわえたり、飲み込んだりできたと考えられています。こうした関節のつくりは、現在のヘビと共通点があるとされています。

# 北海道のモササウルス類

日本産モササウルス類で学名が認定されている標本は４点で、すべてが北海道で見つかったものです。そのうち３点がむかわ町穂別から、残りの１点が三笠市から発見されています。他にも沼田町や日高町、平取町からも発見されています。道外では岩手県、福島県、和歌山県、大阪府、淡路島、香川県などから発見されています。（櫻井）

## 北海道内で発見されたモササウルス類の骨

### モササウルス・ホベツエンシス

（産出地：むかわ町穂別）★

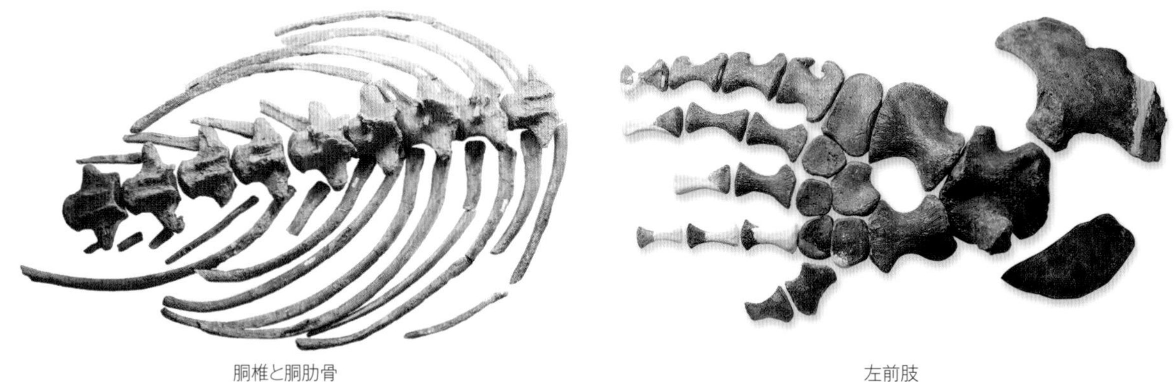

胴椎と胴肋骨

左前肢

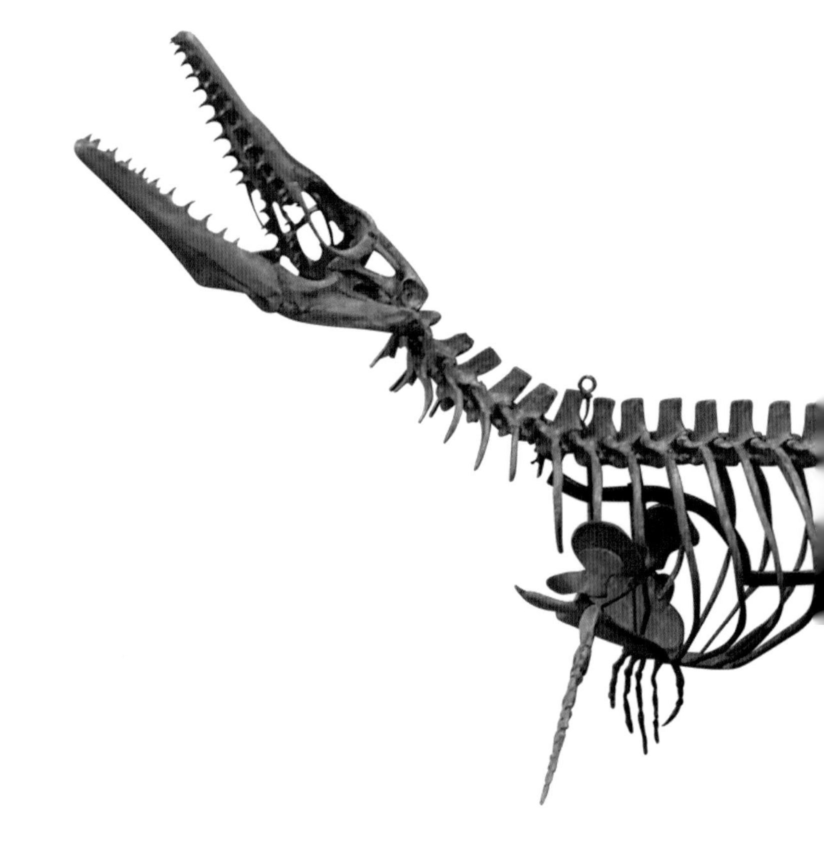

## モササウルス・プリズマティクス
（産出地：むかわ町穂別）★

頭頂骨

## タニファサウルス・ミカサエンシス
（エゾミカサリュウ、産出地：三笠市、写真提供／三笠市立博物館）

頭骨の一部（歯を含む）

## 沼田町のモササウルス類

頭骨の一部（歯を含む、写真提供／沼田町化石館）

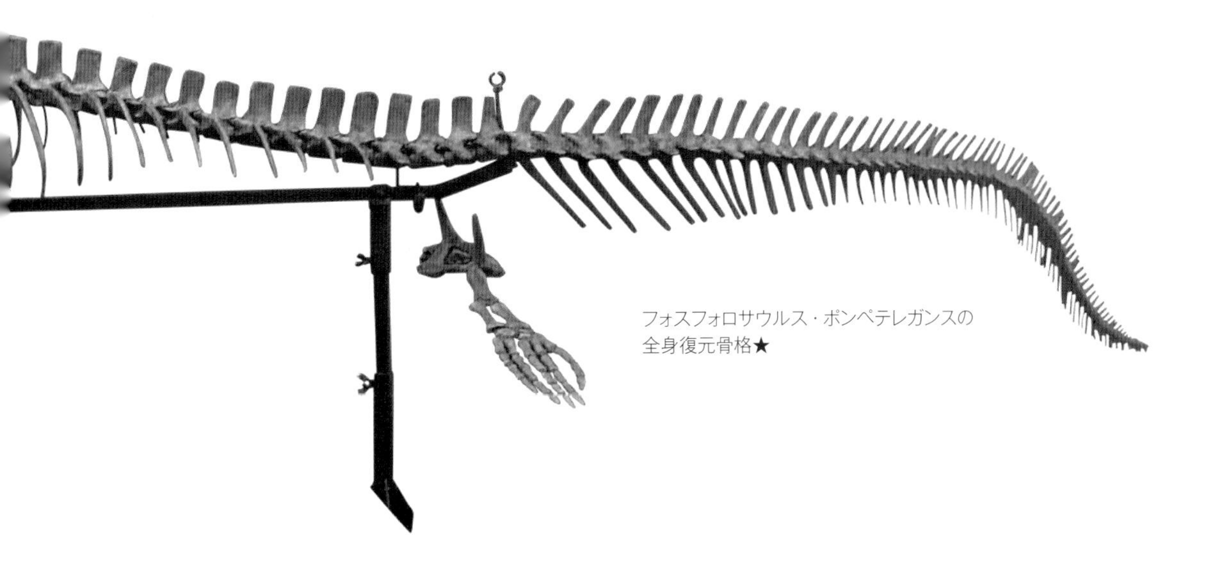

フォスフォロサウルス・ポンペテレガンスの
全身復元骨格★

# メソダーモケリス・ウンデュラータス

*Mesodermochelys undulatus*

産出地：胆振管内むかわ町穂別
時　代：後期白亜紀（約7200万年前）
全　長：1～2m

執筆協力／平山廉（早稲田大学国際学術院国際教養学部教授）

月夜に産卵するメソダーモケリス

# 日本だけで産出するウミガメ類

メソダーモケリスはオサガメ科の原始的な種と考えられています。現在のオサガメは甲羅の骨が薄く細くなり、その上にゴム状の皮膚が乗り、ウロコは失われています。それに対して、メソダーモケリスは甲羅の骨はがっしりとして、ウロコは背甲の中央部にだけ跡が残っていました。骨より先にウロコが小さくなったようです。

化石は日本国内に限られ、道内ではむかわ町穂別から最も多く見つかり、中川町、苫前町、小平町、羽幌町、平取町からも見つかっています。道外の主な産地は兵庫県の淡路島や香川県、和歌山県などです。

# オサガメの仲間

メソダーモケリスは現在のオサガメと大きく違い、甲羅の骨はとてもがっしりしています。しかも、研究する上で重要な頭の骨は、やっと最近になって見つかりました。それなのにどうしてオサガメの仲間だと分かったのでしょうか。

答えは腕の骨（上腕骨）にありました。ウミガメ類はヒレになった前足で泳ぎます。前足を動かすための筋肉がつく上腕骨の形は泳ぎ方によって大きく違っていて、グループごとに特徴があります。メソダーモケリスの上腕骨にはオサガメと同じ特徴があったのです。

# あごの形で食べ物を推測

胃の内容物の化石は発見されていないので、食べ物の直接の証拠はありません。そこで、あごの形に注目してみましょう。カメ類は歯がない代わりに、食べ物に合わせてあごの形が違っています。現在のオサガメは、エサであるクラゲを丸のみしていて、大きく薄い下あごを持っています。むかわ町穂別で発見された下あごの化石はオサガメよりずっと厚い形をしているため、クラゲ以外にも、固い殻のある動物などさまざまな生き物を食べていたと考えられています。（櫻井）

## 実物大　下あご（部分）

### 比べてみよう

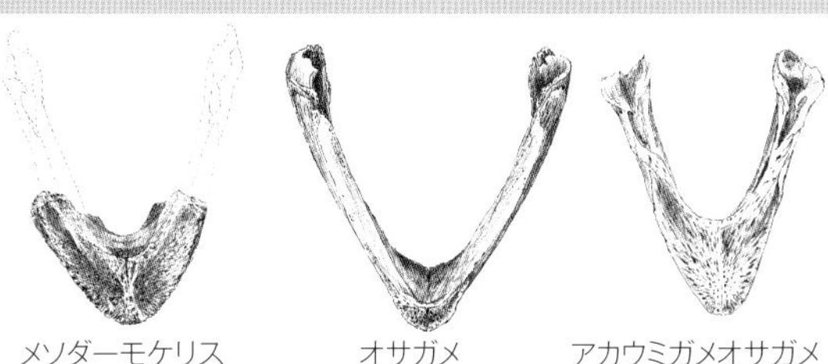

# アノマロケリス・アングラータ

*Anomalochelys anglata*

産　地：胆振管内むかわ町穂別
時　代：後期白亜紀（約 9500 万年前）
全　長：（甲長）約 70cm

執筆協力／平山廉（早稲田大学国際学術院
国際教養学部教授）

現在
新生代
第四紀
完新世
更新世
新第三紀
鮮新世
中新世
古第三紀
漸新世
始新世
暁新世
中生代
白亜紀
ジュラ紀
三畳紀
古生代
先カンブリア時代

# ツノを持った奇妙なカメ

アノマロケリスは陸生カメ類化石の一つです。発見されたのは背甲の大部分と腹甲のごく一部。背甲の前縁が大きく凹み、その両端がツノのように前方へ突き出しています。こうした特徴のカメが見つかったのは初めてで、新しい種類だと分かりました。背甲の表面には小さなくぼみがびっしり並んでいることからスッポン上科に含まれ、さらにウロコの境目となる深い溝がくっきりと深く刻まれていることなどから、絶滅したナンシュンケリス科に含まれます。

白亜紀の海の地層が分布している北海道からは陸生カメ類はほとんど見つかっていません。アノマロケリスの化石は、当時のアジア大陸の海岸付近にどのような生物が生きていたのか教えてくれます。

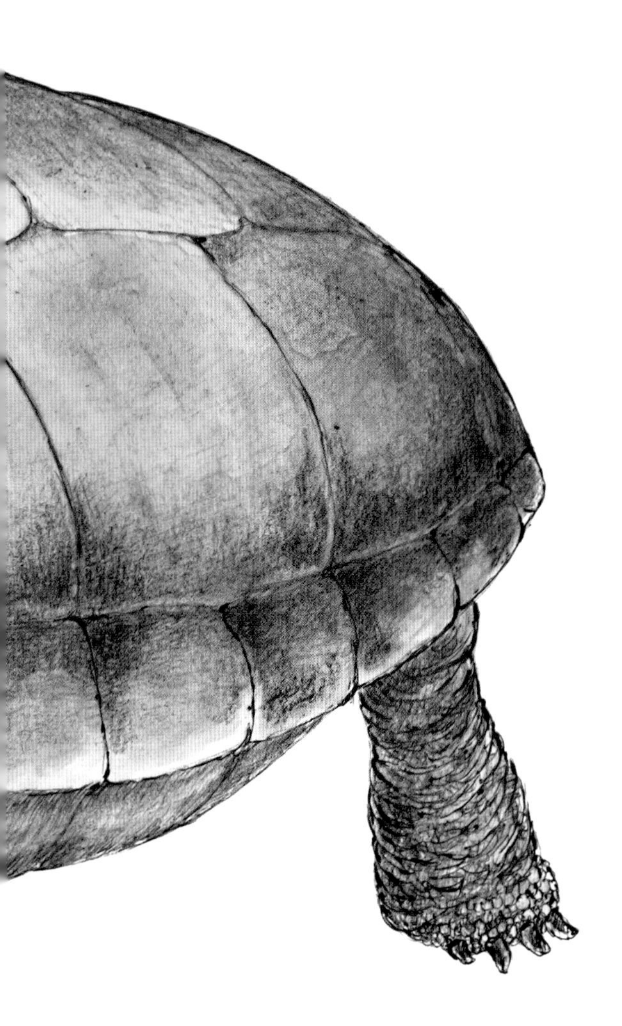

# ツノで強さをアピール?

アノマロケリスの２本のツノは何のためにあるのでしょうか?　中国の広東省から甲羅と一緒に見つかっているアノマロケリスの頭の骨を見ると、とても頑丈ですが、甲羅の中に引き込むことができなかったことが分かります。背甲の前方を凹ませて、少しでも頭を引き込もうとしたようです。

穂別の化石は、背甲の前方が凹んでいるだけでなく、さらに前方へとツノのように突き出しています。もしかしたらこの目立つツノは、雄が他の雄や雌に対する強さのアピールのために使われたのでしょうか?　それは、アノマロケリスの化石がもっと見つかるまで分かりません。

# 恐竜時代を生きのびたカメ類

最古のカメ類化石は、三畳紀中期（約 2 億 4000 万年前）のドイツから知られています。そのころのカメでは、甲羅の基本的な作りはすでに完成していました。その独特な姿から、爬虫類のどのグループに近いのかいまだに不明ですが、卵の特徴などからワニや鳥類、そして恐竜に近いのではないかとする説があります。

カメの祖先が誕生した同じ時期には恐竜の祖先やワニの祖先も誕生しています。恐竜とワニは競い合い、やがて恐竜が地上で大繁栄します。カメ類はその陰で目立たないように生きのび、着実に種類を増やしていきます。そして 6600 万年前、白亜紀の終わりとともに恐竜の大部分が絶滅した後もカメの仲間は生き残りました。現在も、世界各地の熱帯から温帯域を中心に分布し、350 種ほどに分類されています。日本列島にも野生のカメが分布していますが、関東地方が北限です。

## カメのひみつ

### [1] ヒレの形

前足のヒレが大きく伸び、後ろ足は小さなヒレになっています。前足の指の骨は一つ一つが長く伸び、それが大きなヒレをつくっています。

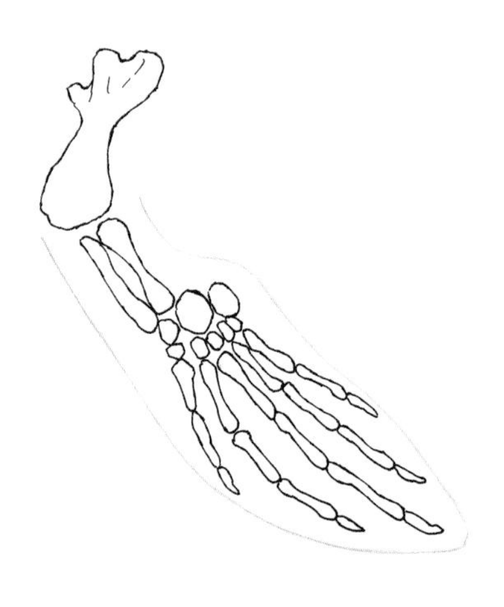

### [2] 泳ぎ方

メソダーモケリスは、現在のウミガメ類と同じようにがっしりとした骨の甲羅があり、大きな前足はヒレのようになっています。メソダーモケリスは現在のウミガメ類と同じく、ヒレになった前足を使って力強く泳いでいたと考えられます。前足を上下に動かす「水中飛翔」という泳ぎ方で、鳥類であるペンギン類と同じ方法です。短い後ろ足は、泳ぐ向きを変える舵として使っていたと思われます。

水中飛翔

# ウミガメ類とは

ウミガメ類は、白亜紀前期（約1億2000万年前）に陸生のカメから誕生し、現在も生きのびている海生爬虫類の1グループで、ウミガメ上科としてまとめられています。最初のころの化石を調べると、海中生活を送るために、前後の足は素早く泳げるようヒレとなり、海水から取り込まれる余分な塩分を排出する涙腺が大きく発達していたことが分かります。

白亜紀には、現在も生きているウミガメ科とオサガメ科の他に、絶滅したプロトステガ科が生きていて、現在の7、8種より多い20種ほどが世界中の海を泳ぎ回っていました。それらは地域によって別々の種類が生息していたと考えられています。

ウミガメ類の化石はメソダーモケリスの他に、プロトステガ科が夕張市、苫前町、三笠市、日高町、岩手県から見つかっていて、その他の種類不明の化石が沼田町、小平町、羽幌町、福島県や岩手県などで発見されています。（櫻井）

## [3] 子どもの残し方

直接の証拠は確認されていませんが、メソダーモケリスは現在のウミガメ類の仲間なので、子どもの残し方も同じであったと考えられます。

雌は上陸して砂浜に後ろ足で穴を掘り、殻のある卵を産み落としたと考えられます。そして産まれた子ガメは砂浜を抜け出し、海を目指したことでしょう。現在のウミガメ類では、多くの雌がいっせいに上陸して産卵する光景が見られます。メソダーモケリスの化石が穂別から特に多く発見されていることから、この近くに産卵場所があったのかもしれません。

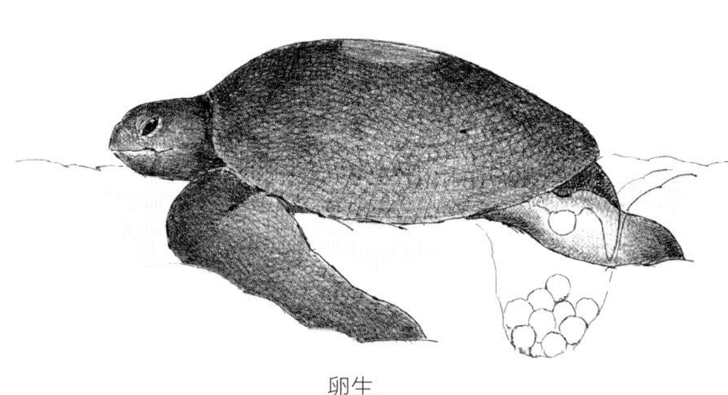

卵生

## [4] 甲羅のつくり

カメの一番の特徴とも言える甲羅は、哺乳類にみられるような背骨や肋骨が変形したもので、背筋や腹筋などの筋肉はありません。甲羅が骨で、その上を皮膚であるウロコが覆っています。

背甲（背の甲羅）の中央には背骨が前後の骨とつながりあって並び、その両側には肋骨が前後に幅広くなり互いにつながりあって、さらにその先端には別な骨がつながり、全体で一枚の丸いお盆のような形になっています。カメの背甲を裏側から見ると、そのつくりがよく分かります。

腹甲（腹の甲羅）は、胸の骨や、腹肋骨という腹部にある肋骨が広がって、互いにつながってできたと考えられています。

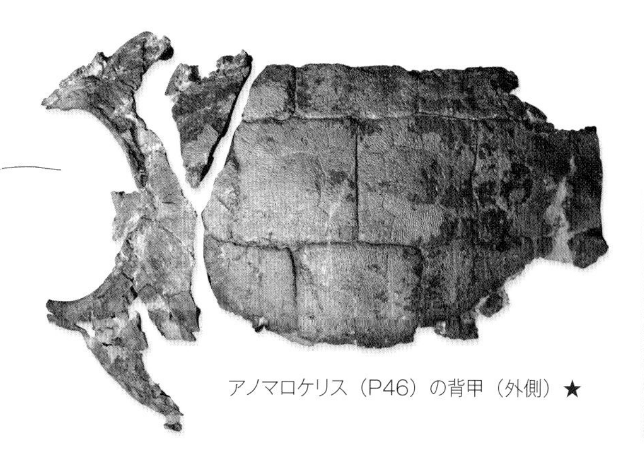

アノマロケリス（P46）の背甲（外側）★

# 羽幌海生 ワニ形類

Crocodylomorpha indet.

**解説** 北海道大学総合博物館教授
**小林快次**（古脊椎動物学）

発見地：留萌管内羽幌町
時　代：白亜紀
全　長：約5m？

## 海にすんでいた ワニ

1996年に羽幌町から見つかったワニは海の地層から発見されました。下顎の一部や歯、首の骨や肩の骨などが発見されています。大きさの推定は難しいですが、4～5メートルはあったことでしょう。海の地層から発見されたワニ化石としては日本初の記録で、水際にすんでいたワニ類が、いつどのように海へ進出したかを知る上で重要な化石と言えます。まだ研究は続いており、今後の成果発表が楽しみです。

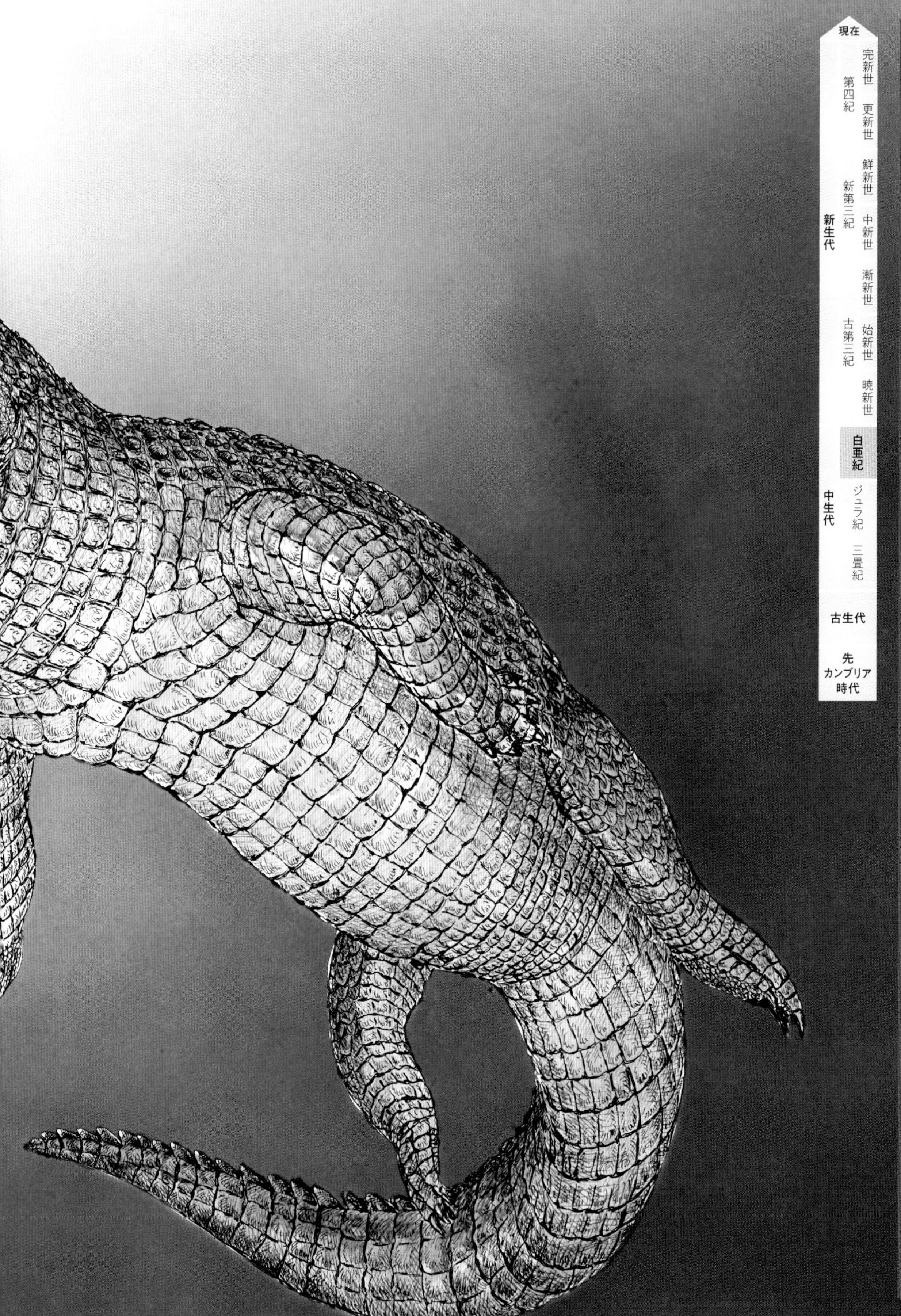

# イヌタイプ（原始型）

陸から

ワニ類の起源は三畳紀前期までさかのぼります。この時代は恐竜の起源でもあるので、ワニ類と恐竜の起源は同じ時期だということもできます。ただ、地球上に現れたばかりのワニ類は、今のワニ類とは姿形が異なります。右のように、手足はまっすぐ下に伸び、尻尾の長い子犬にも見えます。このような足のつき方をしていたため、陸上を上手に歩いて移動していたと考えられています。その後、ワニ類は陸上から水際へと生活圏を変え、今のような姿に進化していきました。

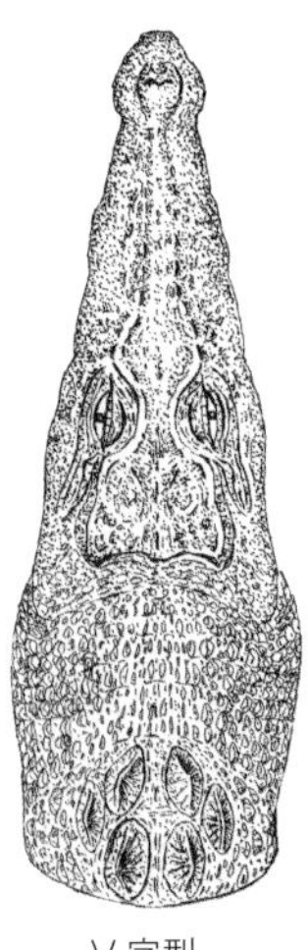

V字型

現生のワニ類の分類は、頭の形で判別することができます。ワニ類はクロコダイル科、インドガビアル科、アリゲーター科の三つに分けられています。クロコダイル科は、頭骨を上から見るとV字型をしています。同じように、インドガビアル科はI字型、アリゲーター科はU字型をしています。

現在のワニ類は熱帯や亜熱帯地方の水辺にすんでいます。頭骨は平らで、目や鼻、耳などの感覚器官はすべて頭の上についています。普段は水の中で生活し、水面から少し頭を出すだけで、周りの様子をうかがったり呼吸ができるのです。目は横を向いていて、広い範囲を見渡せるので、獲物をうまく見つけてとらえることができます。

I字型

ワニ類の手は短いため、

# ワニタイプ（新型）

恐竜が陸の王者なら、ワニ類は水辺の王者です。恐竜時代から現代まで生息し、恐竜が生き延びることができなかった隕石衝突による大量絶滅からも逃れることができました。1億年以上も姿形を変えずに生き続けているのは、古くさい形を頑固に維持しているからではなく、もともと完成された「完全体」だったからなのです。

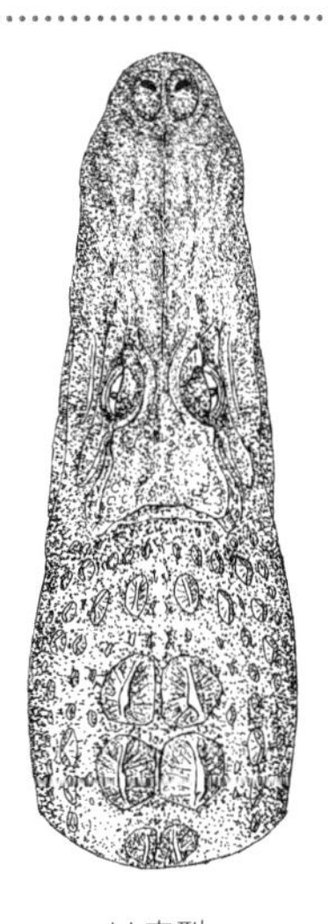
U字型

獲物をつかんで食べることができません。強靭な顎で獲物を水の中に引きずり込み、溺死させます。そして死んだ獲物にかみつき、そのまま体を激しく回転させ、肉を引きちぎります。この回転は「デスロール」と呼ばれています。一見、ノロマな感じもしますが動きは素早く、獲物をとらえるのにたいへん効率的な体型をしています。

## 実物大 歯

これは羽幌から発見されたワニ化石の歯のスケッチです。表面には細かい縦筋が入っており、歯全体がそりかえっているのがわかります。縦筋は獲物にかみついた時に肉を貫きやすくし、歯のそりかえりは噛みついた獲物を逃さないためです。このワニ類が凶暴だったことがうかがえます。

キホンのコラム…❸
column…3
# 学名は何のためにある?

ティラノサウルスをはじめ、海トカゲのモササウルス、翼竜のプテラノドン、そしてこの本に載っているすべての古生物の名前はカタカナばかりです。これらのカタカナ名を「学名」といい、本来はアルファベットで書かれた単語の発音をカタカナで表したものです。ティラノサウルスの場合、*Tyrannosaurus*が本来の学名です。

分類学では生き物の基本単位は「種」とされていて、種の名前、すなわち種名は*Tyrannosaurus rex* のように、イタリック体(斜体)で書かれたアルファベットの二つの単語の組み合わせで表されます。***Tyrannosaurus*(ティラノサウルス)を属名、*rex*(レックス)を種小名**といい、それら二つで「種名」となります。

ティラノサウルス

*Tyrannosaurus rex*

学名は人の名字と名前のようなもので、ティラノサウルスは今のところ1種だけですが、もし新種が見つかれば、*Tyrannosaurus* ○○と名付けられることになります。ヒトの種名は *Homo sapiens* で、*Homo neanderthalensis*(ネアンデルタール人)や *Homo erectus*(直立原人)など、私たちと同じホモ属の別の種がいた時代がありました。

現在の生物(現生種)でも化石でも、知られているすべての生き物には学名がつけられていて、新たに発見された種にも必ず学名がつけられます。逆にいえば、学名がつけられてはじめて新種と認められます。これは、世界中の研究者が同じ種に違う名前をつけたり、違う種に同じ名前をつけると混乱するからです。実際にそのような時代もありました。それでは困るということで、18世紀にスウェーデンのリンネという学者が「二名法」(属名+種小名)を考案し、その方法が優れていたため今でも使われているのです。

ところで、現生種も化石種も、学名とは違った日本語の名前を持つものがあります。スベスベマンジュウガニやギフチョウなどです。これは標準和名(あるいは単に和名)といって、分かりやすさや親しみやすさを考えて決められます。一つの種に対して和名は一つです。ただ、和名のない化石種もあり、逆に学名(種名)のないまま和名のように呼ばれている例もあります。

例えば、種名がつけられていないホベツアラキリュウは「通称」ということになります。ホベツアラキリュウには「ホッピー」の呼び名もあり、それは〝愛称〟とするのが良いでしょう。

標準和名を検討している魚類学会によれば、和名はカタカナ表記が良いとされていることから、「むかわ竜」は和名ではなく、通称か愛称の扱いということになります。(一島)

キホンのコラム…❹

column 4

# 化石が見つかるまで

陸でも海でも、動物の骨は、死んだ後に他の動物に食い荒らされたり、骨になった後に水に流されれば散り散りになります。バクテリアによる分解、日差しや雨、水の流れなどの力が加われば、遅かれ早かれ骨は粉々になってしまいます。ところが、動物が死んでからまもなく死骸が砂や泥に埋もれると、その後は破壊（風化）から守られます。肉が腐る前に水底で素早く堆積物に埋もれると、骨がほぼつながった（関節した）状態で、尻尾や指先の小さな骨までなくならずにきれいに残ることがあります。北海道沼田町で発見されたヌマタネズミイルカ（P80）は、一部の骨が欠けているものの、ほぼ全身の骨がつながっていました。

また地層中では、死骸を中心に石の成分が集まって周りの岩（地層）よりかたい塊となり、丸くなることがあります。これを「ノジュール」とか「コンクリーション」などと呼びます（上の絵）。ノジュールは数センチから数メートルのものまでさまざまで、中に含まれる化石を、地中の圧力による破壊や変形から守る役目を果たします。化石を探すときは、ノジュールを見つけるのも一つの方法です。

化石には、生物が生きている間につけた活動の痕跡もあります。足跡がそうです。骨など、生き物そのものの化石を体(たい)化石と呼び、足跡などの生き物の活動の跡の化石を生痕(せいこん)化石といいます。糞の化石や巣穴なども生痕化石です。でも、足跡のようにすぐになくなってしまいそうなものが、どうやって化石になるのでしょうか。

舗装道路や、海や河に護岸がない場所や時代に、動物たちが思い思いに歩いているところを想像してみましょう。ぬかるみの上を歩くと、足跡は深く刻まれ、時間がたつと乾いて固くなります。その後、その上に泥や砂などがかぶさると、足跡のついた面は保護されます。足跡がついた面も、足跡の上を覆った泥や砂も、そのあと長い年月をかけて固まって地層になります。そして上下の地層が分離すると、足跡はくぼみとして残り、上の地層の裏側（足跡のくぼみを埋めた部分）は足跡を鋳型とした凸の足型になります（下の絵）。

こうしてできた化石は、その後の地殻変動で破壊されなければ、風雨や川の流れなどによって削られた地層の中から地表に顔を出します。なによりも大事なことは、化石が浸食によってこわされる前に、人間がそれを発見することです。そうして初めて、化石は日の目を見ます。

このように化石は、いくつもの幸運が重なって人の手によって研究される奇跡の存在なのです。崖面や川の底にほんのわずかに見えている化石が見過ごされていたら……やがて人知れずなくなってしまうことは十分考えられます。そうなれば、過去に生きていたすばらしい生き物に出会うチャンスは永久に失われてしまうのです。（一島）

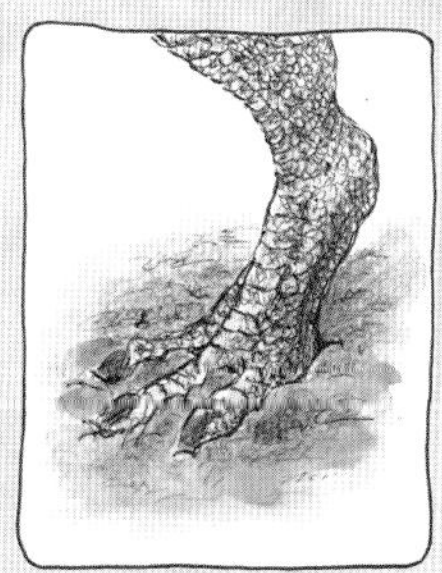

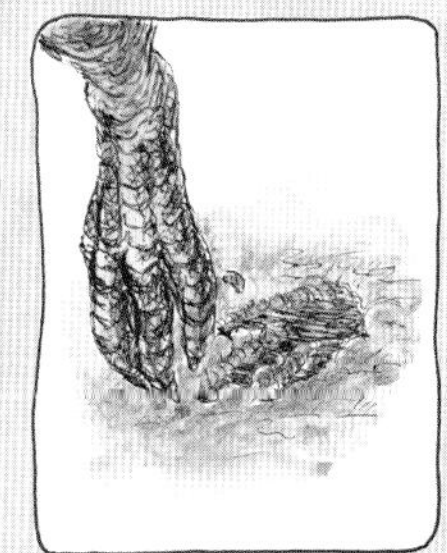

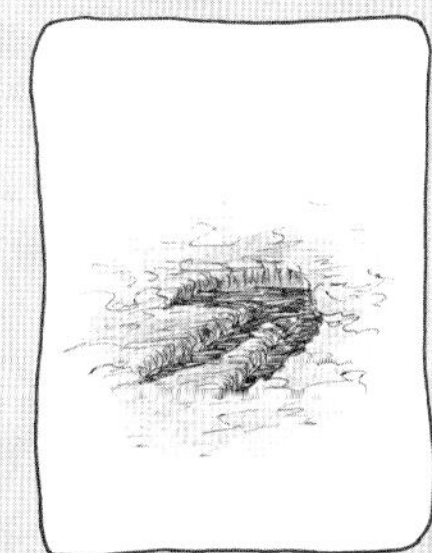

浩而魅諭の

# ホンキのコラム…1

## 浩而の観察誌

この本を作るにあたり多くのエライセンセイガタと、笑いあり涙ありの日々を濃密に過ごしてきました。そんな私の観察誌の一部をまとめ、相関図にしてみました。

イチシマ語
×解読不能
エンジンかかったらスゴいんです
サクライ
師弟
原稿お待ちしております
男はひとり旅
ヘンシュー
バイオリニスト
♪カリヤ♪
イチシマ語の通訳
弥次喜多
☆カッコイイ!☆
すいもの+酒=夜はこれから
行動力抜群
程よく焦げてます
Japanese
夢中になれる何かをさがせ!!
広い
かたはば
セカイノフルサワ
はやく原稿を出しましょう!
徒歩5分
双子
マニュアルでなければ車にあらず
常にほろ酔い
前掛け
大学の恩師
くじらはたべもの
ヒロジミユ
のみ
サワムラ
頭の中は『ビ』のつくものでいっぱい
STi
2024.1
Miyu Hiroji
GDBは世界の宝

## ハツイチシマの巻

## 双子の巻

## 昭和特撮世代の巻❶

第2部

# 鳥獣時代

[新生代古第三紀・新第三紀]

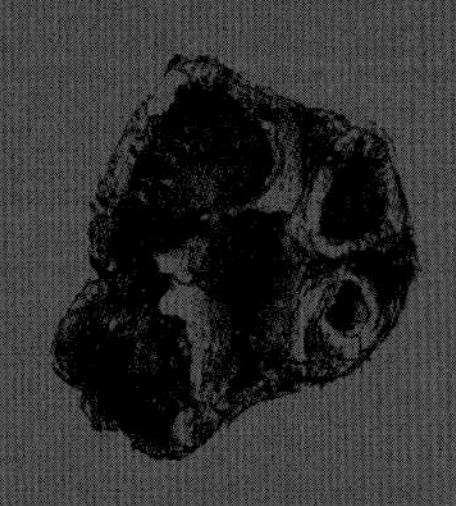

鳥類

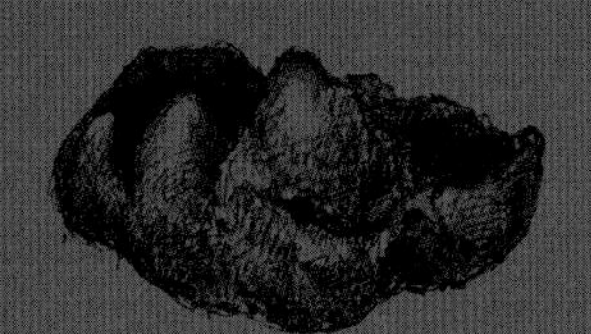

奇蹄類

束柱類

クジラ類

カイギュウ類

鰭脚類

# ホッカイドルニス・アバシリエンシス

*Hokkaidornis abashiriensis*

**解説** 足寄動物化石博物館館長
**安藤達郎**

発見地：網走市
時　代：漸新世（2500万年前）
全　長：170cm

現在
新生代：第四紀（完新世・更新世）、新第三紀（鮮新世・中新世）、古第三紀（**漸新世**・始新世・暁新世）
中生代：白亜紀、ジュラ紀、三畳紀
古生代
先カンブリア時代

# 北海道で唯一の「ペンギンみたいな鳥」

ホッカイドルニスは今から2500万年前の北海道に生息していた大きな海鳥です。ペンギンのように空を飛ばず、翼を使って海の中を泳いで暮らしていました。

学名の意味は、「網走で暮らしていた北海道の鳥」です。ペンギンのような姿をしていたと考えられていますが、ペンギンではありません。当時の北海道にはこんな不思議な鳥もすんでいたのです。

# ペンギンとどう違うの?

　ホッカイドルニスはプロトプテルム類といって、ペンギンのような暮らしをしていた鳥の仲間です。プロトプテルム類は「ペンギンモドキ」とも呼ばれ、3700万年から1300万年前にかけて北太平洋に生息していましたが、その後絶滅してしまいました。ペンギンがアホウドリやミズナギドリに似た仲間なのに対して、プロトプテルム類はウミウやカツオドリと近い種類の鳥です。南半球で進化したペンギンとは違い、北半球の北太平洋の沿岸でしか化石が見つかっていません。

　ペンギンのような姿、暮らしをする鳥は「ペンギン様鳥類」と呼ばれ、鳥の進化の中で4回出現しています。南半球ではペンギン、北半球ではオオウミガラス、ルーカスウミガラス類、そしてホッカイドルニスなどのプロトプテルム類です。プロトプテルム類は北半球のペンギン様鳥類の中では最も種類が多く、分布範囲や体のサイズも一番大きいのです。

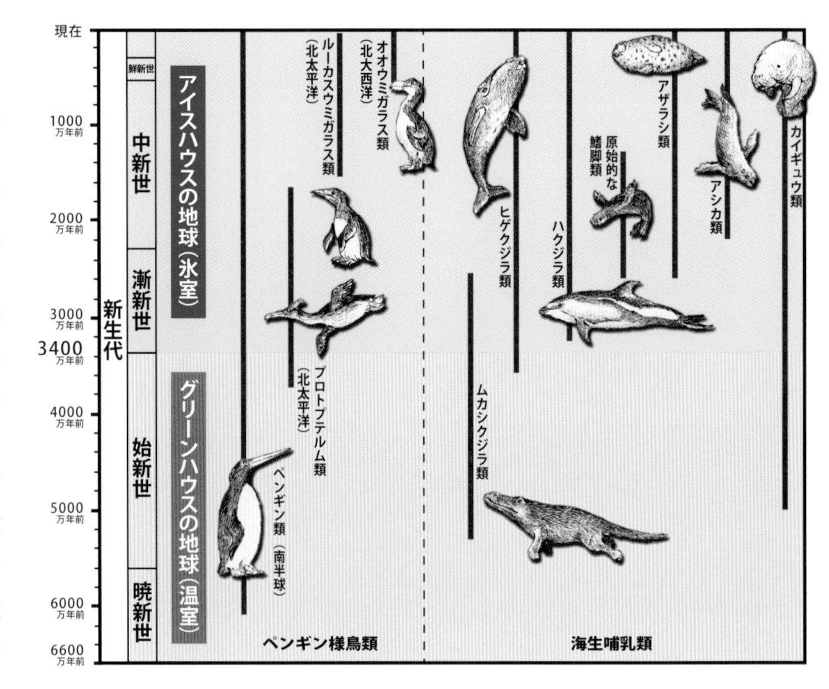

# プロトプテルム類はどのように進化したの?

　ペンギンが進化した南半球では南極の近くですべての海がつながっていますが、北半球では陸地がじゃまをしたため、ペンギン様鳥類は太平洋、大西洋で独自に進化しました。ペンギン様鳥類の姿がペンギンみたいなのは「収斂（しゅうれん）進化」と呼ばれる現象です。収斂進化とは、生き物が同じような暮らしをすることで似たような姿に進化していくことをいいます。ペンギン様鳥類の場合、翼を使って泳ぎ、潜水するという暮らし方に合わせて、翼が小さくなったり体がまっすぐになるなど「ペンギンに似た姿」になっていったのです。

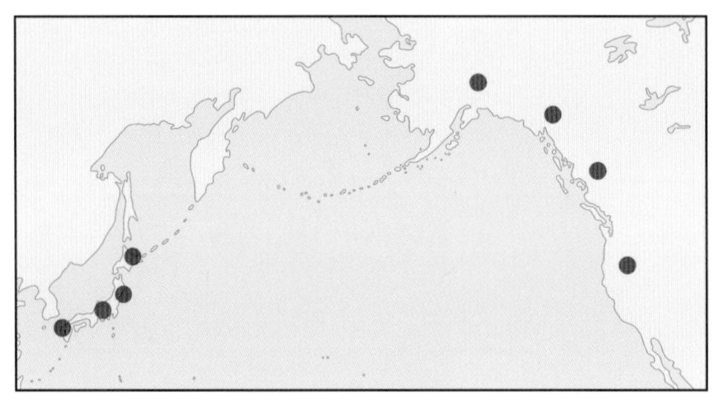

●プロトプテルム化石が見つかった場所

# 人間より大きいってホント?

ホッカイドルニスの体の大きさは、陸に立った状態で130cm、泳ぐときなど首をしっかり伸ばした状態で170cmと考えられています。いま生きているペンギンのなかで最大のエンペラーペンギンよりかなり大きく、プロトプテルム類の中では2番目の大きさです。

ホッカイドルニスが生きていた時代に、南半球ではジャイアントペンギンが暮らしており、北半球と南半球で同時期に巨大なペンギン様鳥類が栄えていたことがわかっています。プロトプテルム類やペンギンの体長は最大で2mほどもあったそうですが、ハクジラやヒゲクジラなどが進化するにつれてエサを巡る競争に敗れ、姿を消してしまったと考えられています。

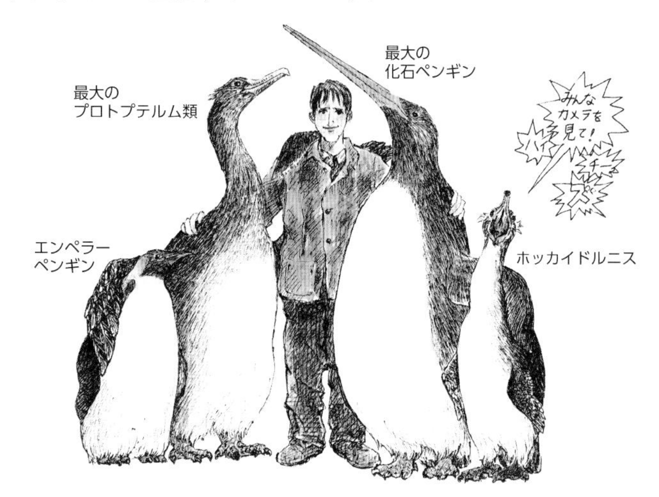


## 実物大 ホッカイドルニスの足根中足骨

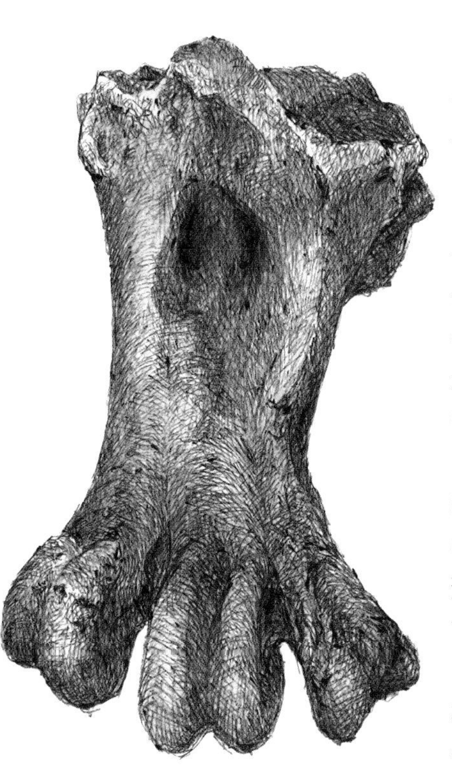

この骨は足根中足骨(そっこんちゅうそくこつ)という鳥の足の骨で、ふしょ骨ともいいます。人間でいうと足首、かかと、足の甲にあたる部分です。

空を飛ぶ鳥の足根中足骨は細長く、両端には隣の骨とをつなぐ部分があります。足首の関節がヒザの関節のように見えるため、「ヒザが逆に曲がっているの?」と勘違いすることもあります。

プロトプテルム類の足根中足骨は、ペンギンと同じように短くがっしりしているのが特徴です。この形は陸上でまっすぐ立つのに適していたと考えられます。

プロトプテルム類と近い仲間であるウミウやカツオドリは、他の多くの水鳥とは違い、4本の指で水かきを作っています。プロトプテルム類の足根中足骨にも親指がつながってできたと思われるくぼみがあり、4本指で水かきを作っていたのかもしれません。

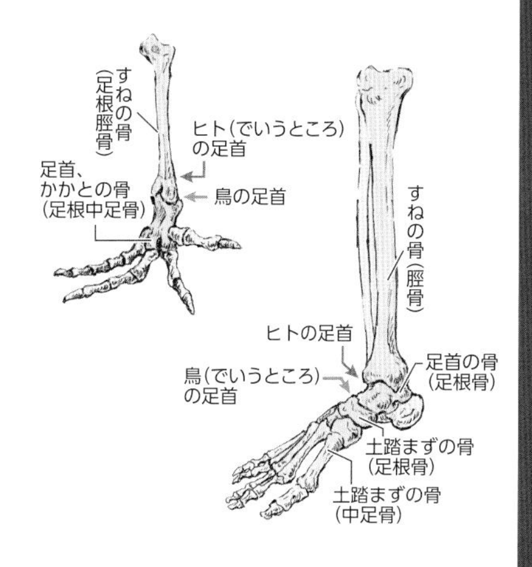


ペンギンの足の親指は見つけるのが難しいくらい小さくなっており、水かきは3本の指で作っています。プロトプテルム類の足の使い方はペンギンとは違っていたのかもしれません。

2500万年前の北海道には、こんな海岸風景が広がっていたのかもしれません。海岸ではホッカイドルニスが大規模なルッカリー（集団営巣地）をつくり、海の浅いところではアショロアなどの原始的な束柱類がエサを食べ、沖合ではアショロカズハヒゲクジラなどの原始的なクジラたちがジャンプしています。現在の海岸で見かけるアザラシやアシカなどの鰭脚類はまったく見当たりません。

実際にホッカイドルニスがルッカリーをつくっていたかどうかはわかりませんし、プロトプテルム類、束柱類、クジラ類を一度に見ることができるような場所があったかどうかもわかりません。

でも2500万年前、ホッカイドルニスが発見された網走付近と、アショロアやアショロカズハヒゲクジラが発見された足寄付近はひとつなぎの海でした。網走で歯のあるヒゲクジラや束柱類が、足寄でプロトプテルム類が見つかってもおかしくはありません。

地球の海の環境は3400万年前に大きく変化しています。南極大陸が独立したことにより、赤道と極域の温度差が大きくて寒冷な環境に変わったのです。海の生き物も、この環境変動の影響で大きく変化しました。

世界中の海に広がっていたムカシクジラ類が姿を消し、現在のクジラたちにつらなるハクジラ類やヒゲクジラ類が現れます。北太平洋での束柱類の進化や、プロトプテルム類の出現にも大きな影響を与えたはずです。

私たち古生物学者は、化石や当時の環境などさまざまな情報を組み合わせ、「想像力のタイムマシン」を使って、大昔の風景を描き出そうとしているのです。

# アミノドン・ワタナベイ

*Amynodon watanabei*

**解説**｜**長野あかね**（沼田町化石館学芸員）

発見地：空知管内沼田町
時　代：中期始新世（4100 ～ 3700 万年前）
体　長：約 3m

## 温暖な時代に生きたサイの仲間

1947 年、沼田町からアミノドンという絶滅したサイの仲間の化石が発見されました。この標本には、右の上あごの一部に 2 本の臼歯が残っており、今のところ北海道唯一のアミノドン化石です。

沼田のアミノドンと同じ地層からは、熱帯性のヤシ科植物や、ポプラやケヤキのような落葉広葉樹、そしてサンショウモという水草の化石が多く見つかっており、当時のこの場所が暖かな環境であったことが分かります。

沼田のアミノドンが生息していた中期始新世は、北海道の平均気温が約 17 ～ 18℃もあり、温暖かつ湿潤な環境だったと考えられています。枯れた植物は地中に埋まり、長い時間をかけて石炭へと変化していきました。北海道各地で採掘される石炭の多くは、この時代の植物が原料です。緑豊かな当時の環境は、アミノドンのような植物食の動物たちの楽園だったのかもしれません。

参考文献
<アミノドン・ワタナベイ> Takai, F., 1950. Amynodon watanabei from the latest Eocene of Japan with a brief summary of the latest Eocene mammalian faunule in eastern Asia. Report of the Geological Survey of Japan, 131, 1-14

# プレシオコロピルス・グランゲリ

*Plesiocolopirus grangeri*

発見地　岩見沢市美流渡
時　代　中期始新世（4600 ～ 3700 万年前）
体　長　不明

1991 年、岩見沢市美流渡地区から、絶滅したバクの上あごの一部と 8 本の歯の化石が見つかりました。岩見沢のバクは周囲の地層から、中期始新世（約 4600 ～ 3700 万年前）に生息していたと考えられています。歯の形や摩耗具合の観察により、成体のなかでも比較的若い個体であったとされています。

# プレシオコロピルス・クシロエンシス

*Plesiocolopirus kushiroensis*

## クシロムカシバク

発見地：釧路管内釧路町
時　代：中期始新世（3900 万年前）
体　長：1.5 ～ 2m ？

北海道からはもう一体バクの化石が見つかっています。1968年に中学生の兄弟によって発掘されたクシロムカシバクは、その名のとおり釧路町十町瀬（現・厚岸霧多布昆布森国定公園）の崖から見つかったバクの仲間で、学名はプレシオコロピルス・クシロエンシスといいます。標本として、上あごと９本の歯が保存されています。P68 の岩見沢のバクと同じグループですが、クシロムカシバクは、プレシオコロピルス属の中でもサイズの大きい種類でした。

参考文献
<プレシオコロピルス・グランゲリ>飯干友貴・仲谷英夫「北海道岩見沢市美流渡産古第三紀バク類化石」（日本古生物学会第 159 回例会予稿集）
<プレシオコロピルス・クシロエンシス> Tomida, Y., 1983. A New Helaletid Tapiroid (Perissodactyla, Mammalia) from the Paleogene of Hokkaido, Japan, and the Age of the Urahoro Group. Bulletin of National Science Museum, Ser. C, 9(4), 151-163.

# デスモスチルス・ヘスペルス

*Desmostylus hesperus*

**解説** 足寄動物化石博物館
**澤村 寛**（特任学芸員）

発見地：宗谷管内枝幸町歌登ほか道内各地、サハリン（1933年）
時　代：中新世
体　長：約3m

## 水中で暮らす謎多き哺乳類

デスモスチルスの最新の復元図です。デスモスチルスが浅い海に潜りながらコンブなどの海藻をムシャムシャ食べています。1頭は、息つぎのために海面に浮上していくところです。頭部を見ると、鼻と目と耳は同じ高さにあるので、呼吸をするために水面に顔を出すと、においと光と音を同時にとらえられます。これは海にすむ動物の特徴と考えられてきました。しかしクジラ類やカイギュウ類とは違って立派な前足、後ろ足があります。もしかすると陸上で暮らしていたのでしょうか？

| | | |
|---|---|---|
| 現在 | | |
| 新生代 | 第四紀 | 完新世 |
| | | 更新世 |
| | **新第三紀** | 鮮新世 |
| | | **中新世** |
| | 古第三紀 | 漸新世 |
| | | 始新世 |
| | | 暁新世 |
| 中生代 | 白亜紀 | |
| | ジュラ紀 | |
| | 三畳紀 | |
| 古生代 | | |
| 先カンブリア時代 | | |

# デスモスチルスの復元骨格

一千万年ほど前に絶滅したデスモスチルスは謎の多い哺乳類です。陸上で生活していたのか、海で暮らしていたのかなども研究者によって意見が分かれていました。1876年にアメリカ・カリフォルニア州で臼歯のかけらが見つかり、「西の方（hesperus）で見つかった」「棒（Stylus）を束ねたような（Desmos）歯を持った動物」という意味の名前が付けられました。

1898年には、岐阜県で世界初の頭骨が発見されます。1933年、そのころ日本領だったサハリン（樺太敷香町気屯）で見つかった化石が北海道大学に収蔵され、デスモスチルスの骨格であると確認されました。これを「気屯標本」といいます。発掘にあたった長尾巧さんは大急ぎでクリーニングを進め、札幌の剥製技師・信田修治郎さんと協力して全身骨格を組み立てました。3年後には完成というスピード作業でした。これは世界初のデスモスチルス全身骨格であると同時に、日本初の脊椎動物の復元骨格でした。

デスモスチルスの仲間（束柱類）の化石は日本全国で150カ所、道内では40カ所で発見されています。中でも、道北の枝幸町で77年に見つかった「歌登標本」は、ほぼ全身の骨格がつながった状態で掘り出されました。十勝の足寄町で76、80年に相次いで発見された2個体はほかの標本より一千万年ほど古いなど、道産の標本は世界的に注目されています。

歌登標本は子供の個体とみられます。指先以外、全身のほとんどの骨が発掘されました。背骨から上に伸びる突起は短いので、背筋は細く、貧弱だったことがわかります。重い頭を支えて陸地を歩き回ることはできなかったでしょう。

臼歯のエナメル質に海水の成分が検出されたこと、骨の断面構造がクジラやジュゴンなどに似ていることなどから、デスモスチルスは普段は海で暮らしていたと考えられます。（オホーツクミュージアムえさし、足寄動物化石博物館所蔵。右の絵は2016年歌登標本）

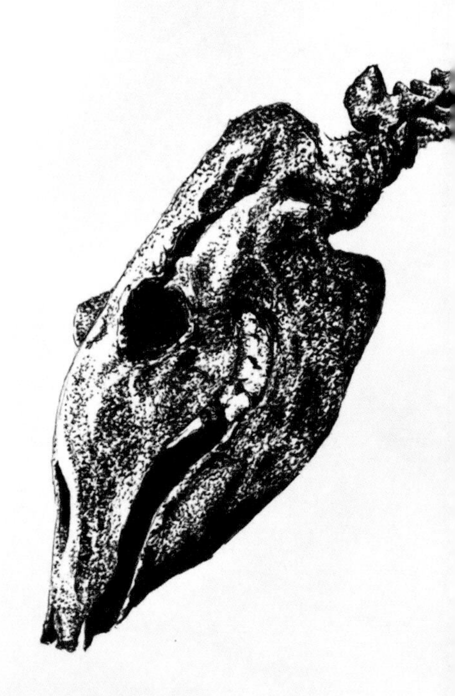

**咬耗面（こうもうめん）（上下の歯がかみ合ってすり減った面）の大きな臼歯で何を食べていたのか？　せんべいをいくつも並べたような広い面積の胸骨はどんな働きをしたのか？　指が開いた手と足でどのように歩いたのか（あるいはどう泳いだのか）？——などデスモスチルスには疑問が尽きません。そのため、さまざまな復元が行われてきました。**

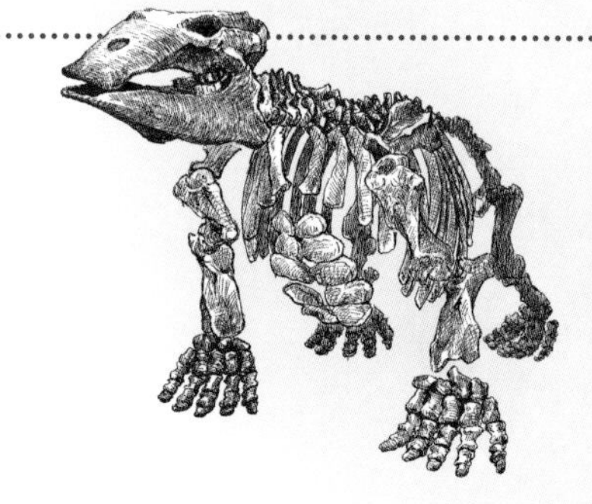

**1936年気屯標本＝長尾巧・信田修治郎作製**

カバの骨格を参考にして組み立て。肘の関節がうまくかみ合わなかったが、化石になる過程で変形したと考えた（足寄動物化石博物館で展示）

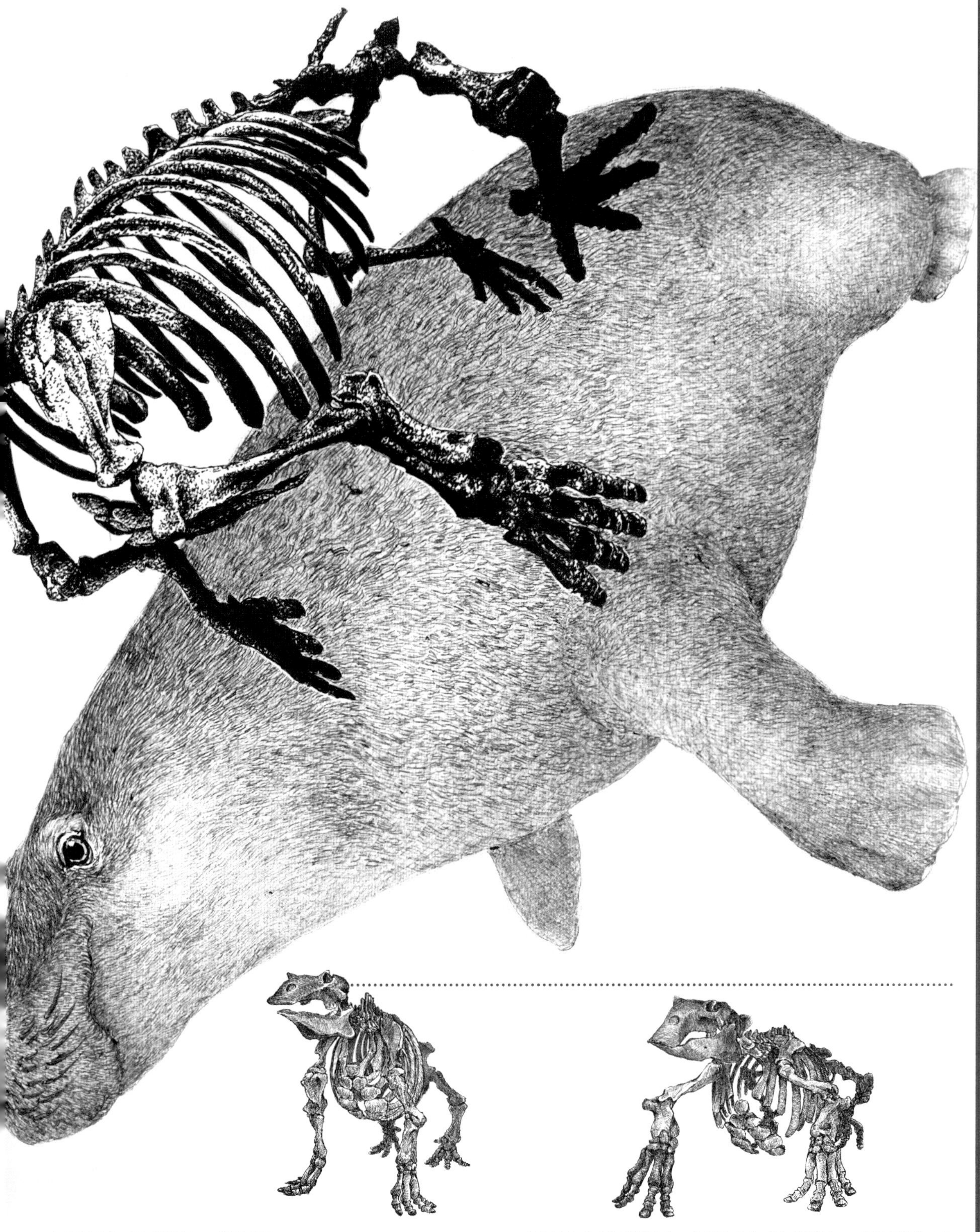

**1965 年気屯標本=井尻正二**（古生物学者）**・亀井節夫**（京都大学）**作製**

頭骨や歯の研究から奇蹄類だと推定し、バクやサイの特徴を取り入れて組み立てた。腕をねじって肘をくっつけたので、指は外向き。胸の背骨は、参考にした動物をまねたため余分な骨を作ってしまった（北海道大学総合博物館、足寄動物化石博物館で展示）

**1980 年歌登標本、1984 年気屯標本=犬塚則久**（東京大学）**作製**

肘や膝を横に張り出して立つように（側方型）復元された。重い体を支えるのに、大きく発達した筋肉がつくように面積の広い胸骨になったと考えた（北網圏北見文化センター、滝川美術自然史館、足寄動物化石博物館で展示）

## 実物大 胸骨

デスモスチルス

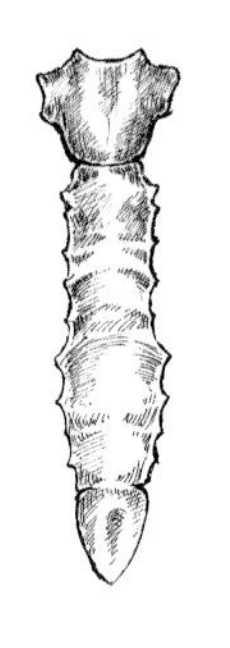

ヒト

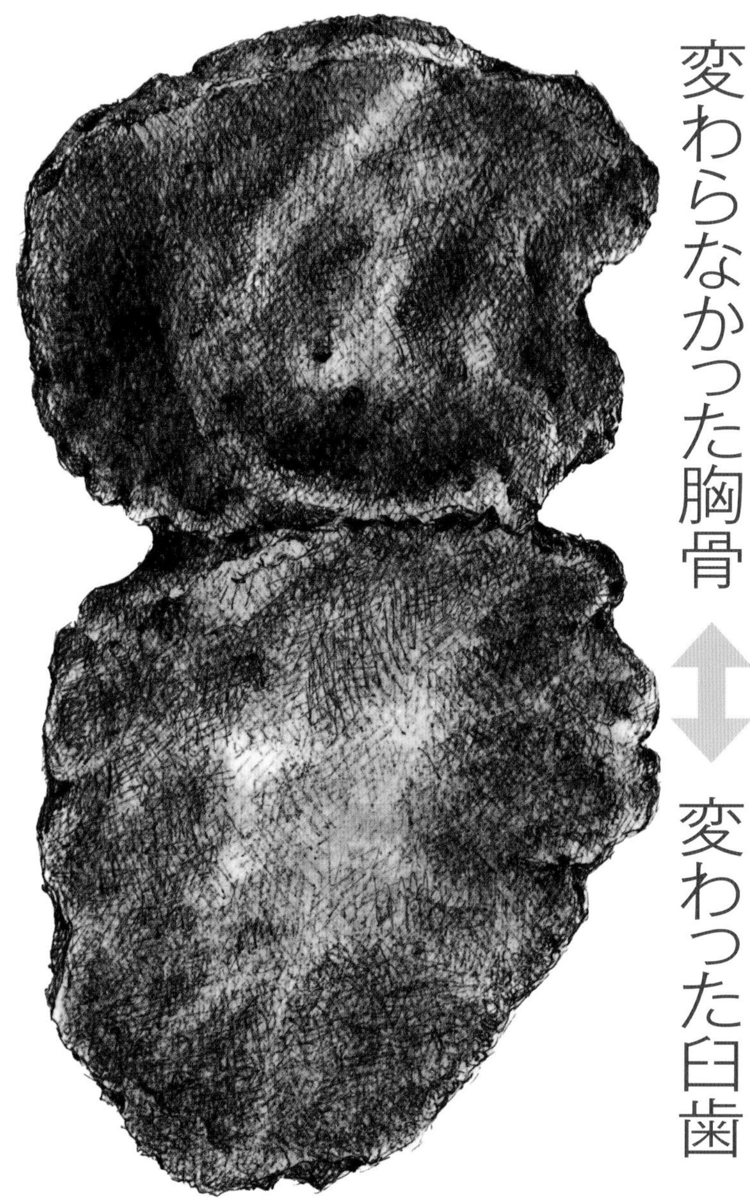

# 変わらなかった胸骨 ⇔ 変わった臼歯

## 実物大 臼歯

デスモスチルスの臼歯は、直径十数ミリ、高さ数センチの円柱を6～9本束ねた構造です。上下の歯がかみ合う面が広いので、肉厚のコンブを食べていたという説があります。いっぽう、古い時代のベヘモトプス（P76）やアショロア（P77）は、一つひとつの歯は小さめで、歯の高さも低いのですが、小臼歯と大臼歯が並んでいて、陸にすむ原始的な草食動物に似ています。

アショロアはアマモ（イネ科）という海草を食べていたという研究結果があります。つまり進化の中で臼歯の形が変化し、食べ物も変わった可能性があるのです。どんな生活を送っていたかは、特徴的な歯や体つき、気候を含めた環境など多くの情報をあわせて考える必要があります。

束柱類では、海中での動きや呼吸に関係する胸骨は、古い時代のアショロアから変化がありません。しかし食べ物と関係する歯はかなり変化しました。どんな理由があったのでしょうか。

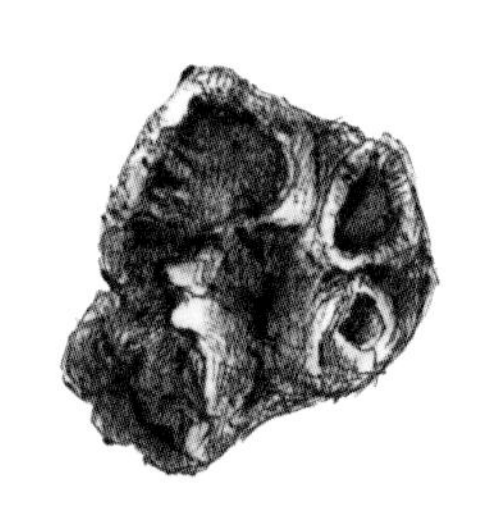

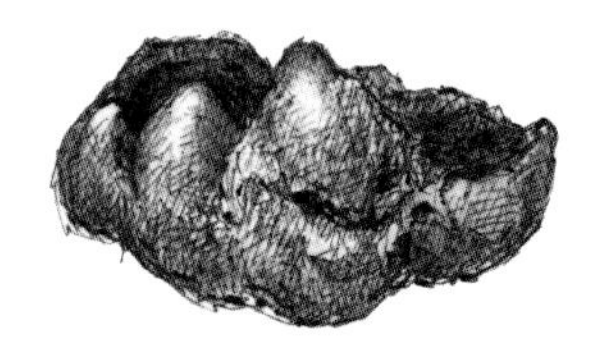

アショロア

脊椎動物の胴の骨格は、背骨（椎骨が連なった脊柱）、肋骨、胸骨、それに寛骨があわさってできています。胴のうち肋骨がある部分が胸部、ない部分が腹部です。胸部と腹部が肋骨の有無ではっきり分かれるのが哺乳類の特徴の一つです。

ヒトの胸骨は、首の付け根からみぞおちまで伸びるネクタイのような薄い板状の骨です。軟骨を挟んで肋骨とつながっています。背骨や肋骨と合わせて「かご」のような構造をつくり、内臓を守る働きをします。軟骨によって肋骨とつながっているため動かしやすく、呼吸もうまくできます。

いっぽう、前肢を内側（胴側）に引き付ける胸筋は胸骨が支えています。これは哺乳類が地面に立つのに大きな役割を果たします。体重の重い大型獣では、胸骨は厚みを増して下方に伸び、左右の胸筋が向き合ってがっちりつくような形をしています。

ところがデスモスチルスの胸骨は、面積は大きいけれど筋がしがみつく固い構造はありません。逆に、9個ある胸骨どうしが軟骨でつながっているので、弾力性がある「板」とみることができます。

足寄の博物館の復元では、束柱類の胸骨には弾力性があるため、潜った時の浮力調節に役立っていると考えています。深く潜った時には少し内側にたわんで体積を小さくし、浮力を弱めたと考えたのです。

束柱類の代表的な4属の臼歯を見比べるために、属ごとに上顎臼歯と下顎臼歯が向き合うように並べました。漸新世のアショロアとベヘモトプスでは、歯の高さが小さく、原始的な草食哺乳類に似た形をしています。

中新世の種類では形が異なり、デスモスチルスでは、円柱が束になるという典型的な特徴がみられます。パレオパラドキシアの臼歯は、デスモスチルスとベヘモトプスの中間的な形です。

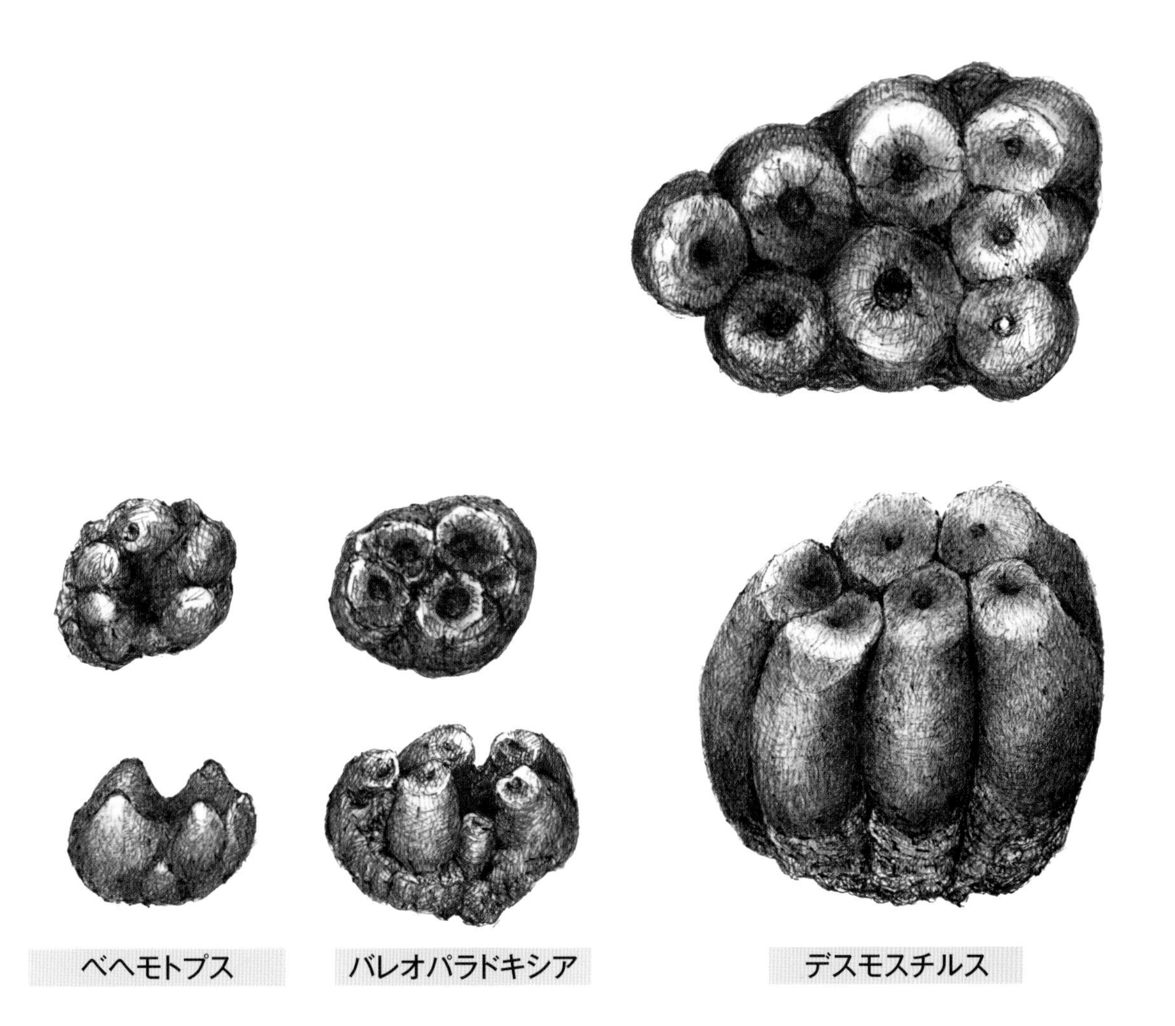

ベヘモトプス　パレオパラドキシア　デスモスチルス

# ベヘモトプス・カツイエイ

*Behemotops katsuiei*

| 発見地：十勝管内足寄町 |
|---|
| 時　代：後期漸新世（2500 万年前） |
| 体　長：3m |

漸新世束柱類の一種。全身骨格は足寄標本だけ。アメリカでは頭部が数点見つかっている。胴が長く束柱類の中ではややスリムな体形

## 豊かな海で暮らしたデスモスチルスの仲間たち

漸新世（3400 ~ 2300 万年前）の後期に北西太平洋に出現した海生哺乳類たちを足寄動物群と呼びます。この時代に南極大陸とほかの大陸が分かれたことによって、世界中の海の深層水（太陽光の届かない水深 200 メートル以上の深海にある水）が湧き上がり、北太平洋に栄養分の豊富な海ができました。これにより、海生哺乳類はさまざまな進化をとげました。

北海道足寄町茂螺湾（もらわん）に分布する川上層群モラワン層から産出した化石は、２属の原始的な束柱類（アショロアとベヘモトプス）と歯のあるヒゲクジラ（エティオケトゥス科３属のヒゲクジラ類）、何種類かの研究途中のハクジラ類からなります。

# アショロア・ラティコスタ

*Ashoroa laticosta*

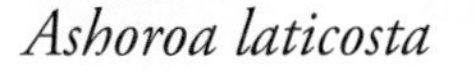

発見地：十勝管内足寄町

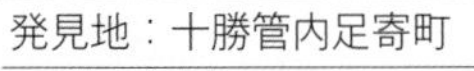

時　代：後期漸新世（2800 万年前）

体　長：2m

漸新世束柱類の一種。足寄標本で属が新設された。骨の断面構造は現在の海牛類に近く緻密質が厚く、化学分析の結果とあわせて海にすんだと考えられる。図には、海草（アマモ）を食べているアショロア（手前）、海中に浮かんでいるベヘモトプス（左上）。遠景に足寄動物群のヒゲクジラ、ハクジラ、ホッカイドルニスが描かれている

# 4本足なのに海で暮らしていたの？

クジラ類やカイギュウなどの代表的な海生哺乳類には確かに後ろ足がありません。それは、大きな尾ビレを持つようになり、その強い推進力によって広い海を泳ぎ回れるようになったためと考えられます。デスモスチルスなどの束柱類は、岸に近い浅い海に潜って餌を取り、交尾や子育てをする時に岸辺を利用していたとすれば、４本足はむしろ合理的です。

# デスモスチルスはなぜ絶滅したの？

束柱類は、中期中新世の終わりごろ（1000万年ほど前）に絶滅してしまいました。たくさんの化石が見つかる束柱類がなぜ、どのように絶滅したのか。その答えを見つけるのは困難ですが、いくつかの可能性を考えてみましょう。

一つ目は気候変動の問題です。中新世には地球全体の寒冷化が進んでいたことがわかっています。ただ、絶滅するような特別な変化があったとは見られていません。

鰭脚類やカイギュウなど他の海の哺乳類との競争はどうでしょうか。生き物は食べ物をめぐって争います。ただ、束柱類が何を主に食べていたかについてはまだよくわかっていません。

もう一つは繁殖（交尾、出産、子育て）のための場所の取り合いです。束柱類の繁殖活動に関しては謎ですが、似たような繁殖場所を必要とした動物との競争に負けてしまったということはあるでしょうか。ただ、生き物は必ずしも競争ばかりではなく、繁殖の場所を少しずらすとか、時期をずらすなどして、うまく共存していることも知られています。

生き物がなぜ絶滅したのかは、簡単には結論の出ない問題です。気候や環境の変化（暖かい・寒い、餌がなくなるなど）、新たな競争相手の出現など、さまざまな要因が複雑にからまり合うバランスの中で生き物は生活しています。そのバランスが崩れるとき、動物は新しい種類に進化したり、場合によっては絶滅してしまうこともあります。謎の多いデスモスチルスの絶滅原因の絞り込みは、さらに研究の積み重ねが必要な課題なのです。（澤村）

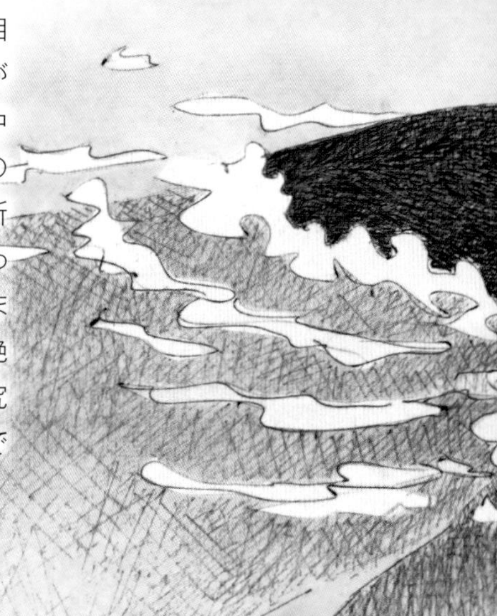

# ヌマタフォシーナ・ヤマシタイ

*Numataphocoena yamashitai*

解説 福井県立恐竜博物館副館長
一島啓人

## ヌマタネズミイルカ

発見地：空知管内沼田町
時　代：前期鮮新世（400 万年前）
全　長：2.1m

## 体の骨がつながって見つかった貴重なイルカ

ヌマタネズミイルカはネズミイルカの大昔の仲間です。ネズミイルカの仲間は今も世界中の海に暮らしていて、暖かい海に住むスナメリや、比較的冷たい海に生きるイシイルカなどがいます。

姿かたちは違えど、北海道の沿岸には、数百万年の昔からネズミイルカの仲間が泳いでいたのです。

現在
第四紀 完新世 更新世
新生代 新第三紀 鮮新世 中新世
古第三紀 漸新世 始新世 暁新世
中生代 白亜紀 ジュラ紀 三畳紀
古生代
先カンブリア時代

# 浅い海をゆっくり泳ぐ

ヌマタネズミイルカの化石は沼田町を流れる川の底に横たわっていました。掘り上げてみると、ほぼ丸々一体分の骨が残っていました。このような良好な保存状態のイルカ化石は世界でもめったにありません（P126）。

ヌマタネズミイルカは北海道の天然記念物に指定されています。それだけ重要な化石と認められているのです。ヌマタネズミイルカの背骨は数が少なく、一つ一つが前後に長い形をしているなど、イルカとしては比較的原始的な特徴が見られます。また胸びれが体に対して大きく、背骨の形と合わせて考えると、沖合いを高速で素早く泳ぐのではなく、沿岸の浅い海をゆっくり泳いでいる様子が想像されます。

当時の沼田周辺の海は陸に囲まれた湾だったので、このように考えても不思議はありません。全身の骨があることで、ネズミイルカの祖先の暮らしぶりが解明されました。天然記念物にふさわしい化石といえます。

# 死んだあと何が起こった?

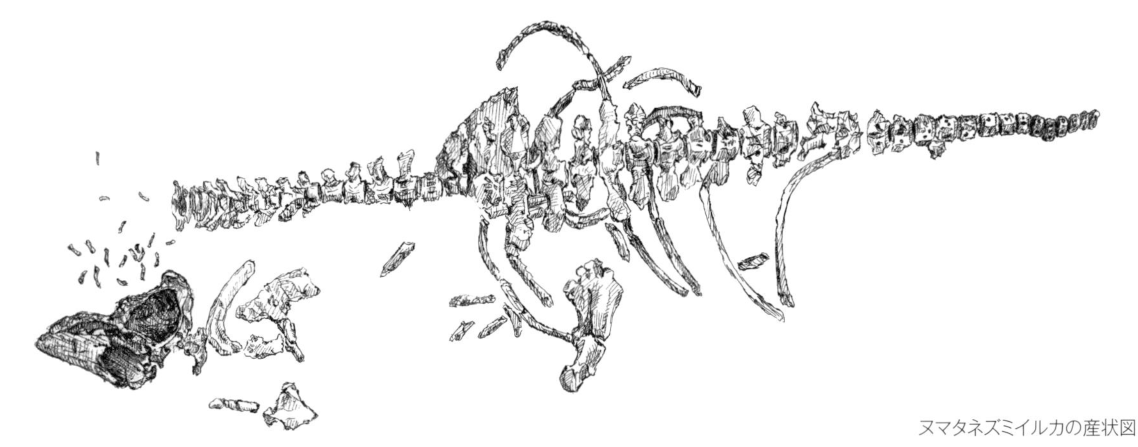

ヌマタネズミイルカの産状図

上の図はヌマタネズミイルカの化石が見つかった時の骨の並び方を描いたものです。化石の状態からは面白いことがわかります。体の骨はうつ伏せなのに、頭の骨は仰向けになっています。そして頭の骨は胴体から30cmほど左にずれています。さらに左側の肩の骨（肩甲骨）が体の下にあり、右のひれが体の左側にあります。いったいどういうことでしょう。

① 死んでから体の中にガスがたまり、お腹がふくらみます。すると、ガスが詰まったお腹を上にして、つまり仰向けになって海を漂うことになります。

① 漂流

② 腐敗が進むと、お腹が破れてガスが抜けます。そして死体は仰向けのまま海底に沈みました。

③ 海底で腐敗が進み、頭部がはずれ、左右の胸びれも肩甲骨ごとはずれました。肩甲骨は筋肉で支えられているだけなので、腐ると簡単に体からはずれます。肉が腐って肋骨が露わになった体の直径は

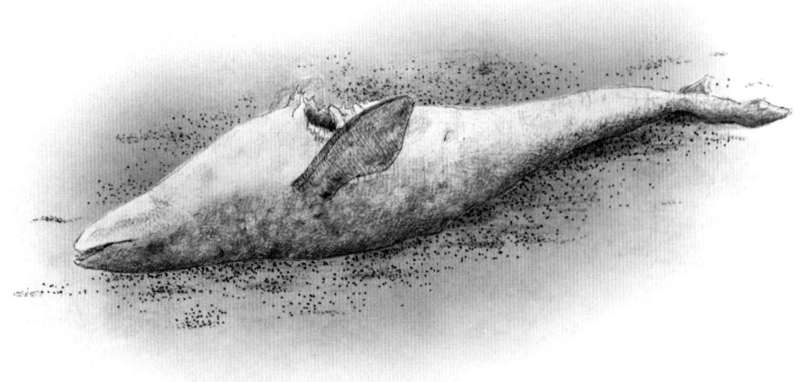

② 着底

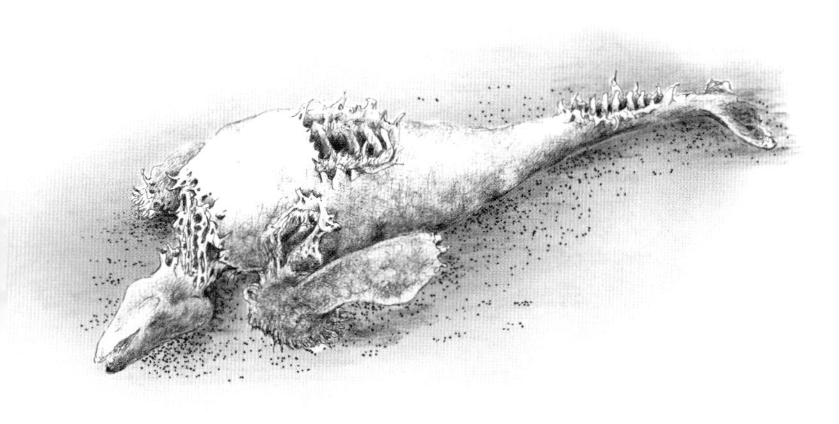
③ 腐敗が進み、頭部と、肩甲骨ごと胸びれがはずれる

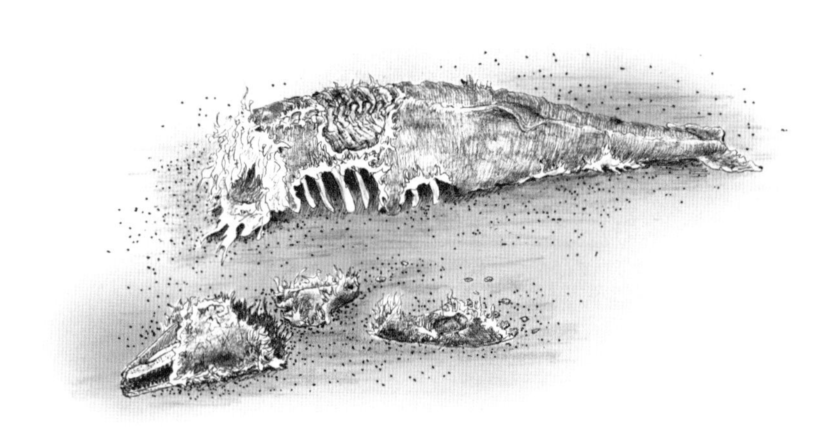
④ 回転

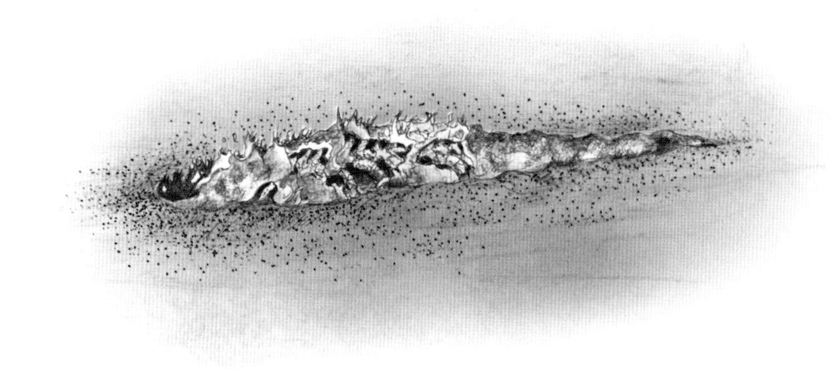
⑤ 埋没

およそ30cmほどだったでしょう。

④ このあと、何かの力によって体が180°左に回転してうつ伏せの状態になったと思われます。すると、仰向けの頭部を残したまま、体はすでにはずれていた左の肩甲骨の上に覆いかぶさり、右の肩甲骨は体の左側に置いていかれます。この状態で、その後間もなく土砂に埋もれたと考えられます(⑤)。こう考えると、化石の状態を無理なく説明できるのです。

## 波の力で体が回転?

では、体はなぜ回転したのでしょうか。サメのような大きな肉食動物が死体を食べに来た時に体が動いたのでしょうか。それは考えにくいと思います。大きな肉食動物は荒々しく肉をむさぼるでしょうから、ほとんどの骨がきれいにそろっている化石の状態を説明できませんし、頭と体の30cmという絶妙な離れ具合もうまく説明がつきません。逆に小さな生き物には、イルカの体を転がすほどの力はないはずです。

おそらく、波(うねり)の力が体を転がした犯人なのではないかと思います。海には、海面だけでなく底にも流れがあります。たまたま水の流れが強くなった時に、体が左側に回転したのかもしれません。もしかしたら、そのうねりは何らかの理由で多量の土砂を含んでいたかもしれず、流れてきた勢いで体が回転すると同時に、死骸の上に土砂をたくさん降り積もらせて、そのまま埋まってしまった可能性もあります。

# ネズミイルカの仲間たち

ネズミイルカの仲間の化石は、沼田町の他に、上川管内中川町と留萌管内羽幌町、遠別町から合わせて４種類が見つかっています。羽幌町のものはヌマタネズミイルカと同じ時代に、中川町と遠別町のものはそれより少し前の時代（中新世）に生きていました。北海道の海は、600 万年も前から“ネズミイルカの王国”だったのです。

**ハボロフォシーナ・トヨシマイ**
*Haborophocoena toyoshimai*
通　称：ハボロネズミイルカ
全　長：2m
発見地：留萌管内羽幌町
時　代：前期鮮新世（400 万年前）
小さな歯のイルカ。

**ミオフォシーナ・ニシノイ**
*Miophocaena nishinoi*
全　長：2m
発見地：上川管内中川町
時　代：後期中新世（600 万年前）

**アルケオフォシーナ・テシオエンシス**
*Archaeophocaena teshioensis*
全　長：2m
発見地：留萌管内遠別町
時　代：後期中新世（600 万年前）

**ハボロフォシーナ・ミヌトゥス**
*Haborophocoena minutus*
全　長：1.5m
発見地：留萌管内羽幌町
時　代：前期鮮新世（400 万年前）
小型のイルカ。

# 昔の子ども=いまの大人？

いま生きているネズミイルカの仲間は6種類います。それらはイルカの中でも小型のものです。一番大きなイシイルカでも全長が2m を少し超える程度で、他は大体 1.5 ~ 1.8m くらいです。でも、昔のネズミイルカの仲間はヌマタネズミイルカと同じくらいのもの、つまり 2m くらいのものが一般的でした。ネズミイルカの仲間は、子孫の方が祖先より小さくなったことになります。

いまのネズミイルカ類（下の絵ではスナメリ）には次のような特徴があります。
①小型
②頭の骨全体が丸っこい（ごつごつしていない）
③口先（あご）が小さい。

小型で頭は丸っこく、顎（あご）が小さい。このような特徴は動物の子どもによく見られます。それに対して、祖先種である化石のネズミイルカには逆の特徴が見られ

## 化石ネズミイルカ

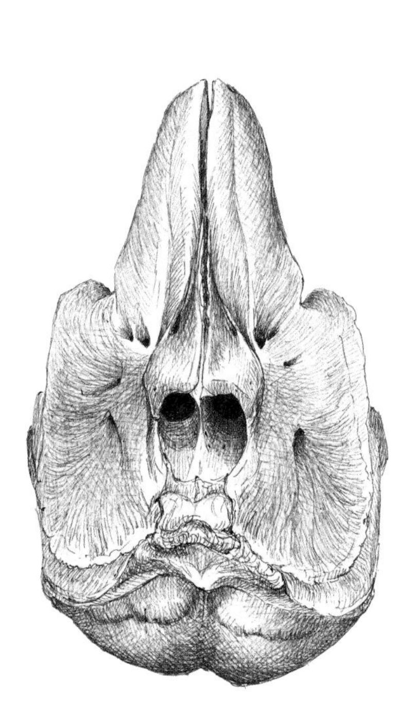

スナメリ

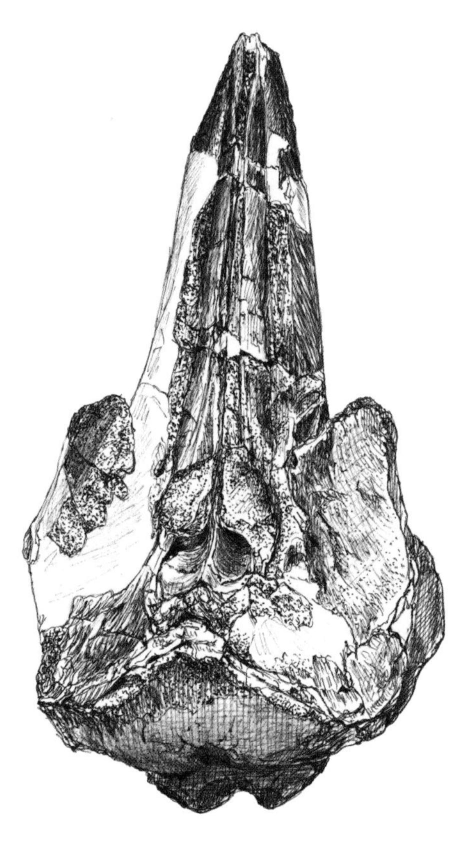

ピスコリタックス（アメリカ産）

ます。すなわち体は大きく、頭はごつごつして、顎が大きい（口先が長い）＝下の絵の中央二つ＝。

このことをヒントに、ネズミイルカの進化には、あるヒミツがあることがわかりました。祖先の子どもの特徴が、子孫の大人の特徴になるというものです。これを「幼形進化」といいます。中でもプロジェネシスという、哺乳類の進化では特殊なパターンであることがわかりました。おそらく300万年前以降の氷河期の間に、ネズミイルカ類の祖先の身にこのような進化が起こったと考えられます。

進化という大きな問題は、どれか一つの化石だけでドラマチックに解けるものではなく、たくさんの化石をもとに考えなくてはいけません。ヌマタネズミイルカが、そのことに気付くきっかけを与えてくれました。

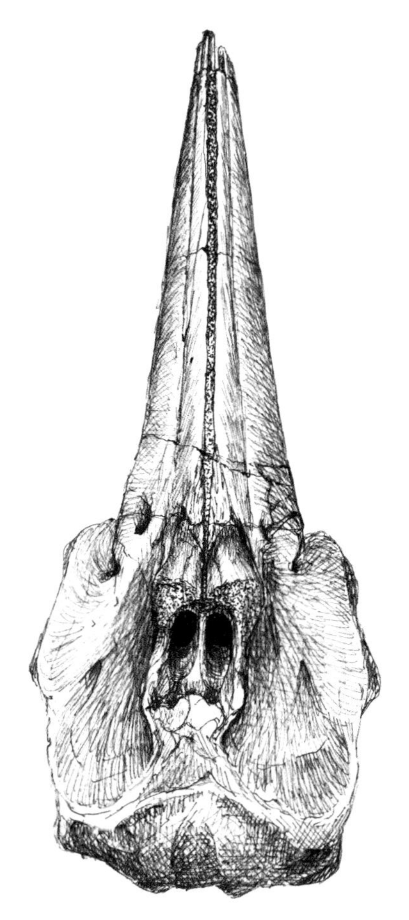

ロマケタス（ペルー産）

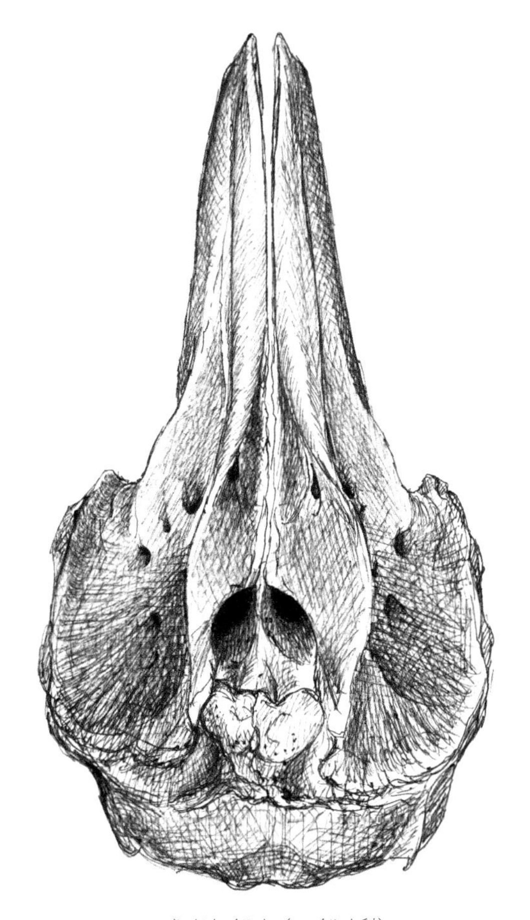

バンドウイルカ（マイルカ科）

# ハボロデルフィス・ヤポニクス

*Haborodelphis japonicus*

## ハボロムカシイルカ

発見地：留萌管内羽幌町
時　代：前期鮮新世（400 万年前）
全　長：2m

## 北海道近海にいた
## シロイルカやイッカクの祖先

ハボロデルフィスは、シロイルカやイッカクの祖先です。発見から 40 年以上もたって研究が完了しました。

化石の研究は、発見後すぐに研究が始まるものばかりではなく、研究者と標本が〝良い縁〟で結びつかないと長い時間がかかることは珍しくありません。研究も、人間の活動の一つであることがよくわかります。

現在
新生代
第四紀
完新世
更新世
新第三紀
鮮新世
中新世
古第三紀
漸新世
始新世
暁新世
中生代
白亜紀
ジュラ紀
三畳紀
古生代
先カンブリア時代

# 冷たい海が好きだった?

世界の他の場所で見つかるハボロデルフィスの仲間は暖かい海で暮らしていたと考えられてきましたが、ハボロデルフィスが生きていた当時の北海道は冷たい海に囲まれていました。当時の貝(タカハシホタテなど)や甲殻類の化石も冷水を好む示す種が見つかっています。

同じ羽幌町周辺には、ヌマタフォシーナとは別の種類のネズミイルカの仲間がいて、少し南の湾にはヌマタネズミイルカがいました。もしかしたら彼らは時に出合い、一緒に泳ぐことがあったかもしれません。

同じ海にはフカガワクジラやタキカワカイギュウ、セイウチの仲間も暮らしていました。フカガワクジラはセミクジラの仲間で、今のセミクジラは比較的冷たい海を好みます。また、タキカワカイギュウの主食であるコンブは冷たい海に生えます。セイウチも今は北の海にいます。

このようなことから、少なくともハボロデルフィスは冷たい海が好きだったと考えられます。もしかするとハボロデルフィスの仲間は、今のネズミイルカ類のように暖かい海から冷たい海まで世界中に広く分布するイルカだったのかもしれません。

羽幌町から見つかったハボロデルフィスは全長 2m くらいで、まだ子どもだったと考えられます。成長すると 3m くらいになったかもしれません。

# 中新世のハクジラたち

中新世は、いま生きているクジラに近い仲間が現れた時代です。現在の海で繁栄しているイルカに近い仲間やアカボウクジラの仲間もいました。姿も現生種と似ていると思われます。

ケントリオドン・ホベツ
*Kentriodon hobetsu*
全　長：2m
発見地：胆振管内むかわ町
時　代：中期中新世（1500万年前）
イルカの祖先種。細身でくちばしが長い。

## 実物大 アカボウクジラの仲間の歯

**エオデルフィヌス・カバテンシス**
*Eodelphinus kabatensis*
全　長：2.5m
発見地：空知管内雨竜町
時　代：後期中新世（1000 万年前）
頭の骨が現代のイルカに近い。

**アカボウクジラの仲間**
発見地：留萌管内苫前町
時　代：中新世末期（600 万年前）
今のアカボウクジラの仲間は歯が少ないが、まだ歯がたくさんあったころの祖先種。

# クジラとイルカ

いま生きているクジラは90種以上。それらはハクジラとヒゲクジラに分けることができます。

70種以上いるハクジラ（歯鯨）は、数や形に違いはあれど、みな歯を持っています。かみ砕くような使い方はせず、イカや魚を歯で挟んだあとは丸のみです。

クジラと似た動物にイルカがいます。「イルカ・クジラ」のように両方を並べて扱われることがありますが、実はイルカとクジラは分類学的には同じ仲間で、ハクジラの小型の種類のことを「イルカ」と呼びならわしてきただけです。

一方、ヒゲクジラ（髭鯨）には歯がなく、代わりに「ヒゲ板」と呼ばれるものが口の中に何百枚も生えています。ヒゲ板は縁（ふち）がほつれて髪の毛のようになって互いの繊維がもじゃもじゃにからまり、使い古した歯ブラシのように毛羽立っています。ヒゲクジラは、小さなプランクトンや小魚を海水ごと口に入れ、余分な海水をヒゲ板のブラシの隙間から出し、口の中に残った大量の餌を飲み込みます。

水中に暮らすクジラは魚の仲間と思われがちですが、れっきとした哺乳類です。温かい血が流れ、呼吸をするために海面に顔を出し、卵ではなく子どもを産み、乳をあげます。

似たような姿の生き物にサメがいます。サメは魚類で、肺を持たず、エラで呼吸します。サメの中には卵ではなく仔（こ）を生むものがいるため間違われやすいですが、サメとイルカは尻尾の生え方がちがいます。イルカの尾びれは上下に平たく横に張り出し、サメの尾びれは縦に長くなっています。イルカは尾を上下に振り、魚であるサメは尾を横に振るためです。

ついでに言えば、中生代にいた爬虫類の魚竜も似た格好です。これは水の中を抵抗なく泳ぐことができる形で、「流線型」といいます。水中という同じ環境に暮らすことで、究極的に同じ形に進化したのです。このように、同じ環境に生きる生き物が似た形になることを「収斂（しゅうれん）」といい（P62）、空を飛ぶために翼を生やしたコウモリ、鳥、翼竜もその好例とされています。（一島）

# エティオケトゥス・ポリデンタトゥス

*Aetiocetus polydentatus*

## カズハヒゲクジラ

発見地：十勝管内足寄町
時　代：後期漸新世（2500 万年前）
全　長：3.5m

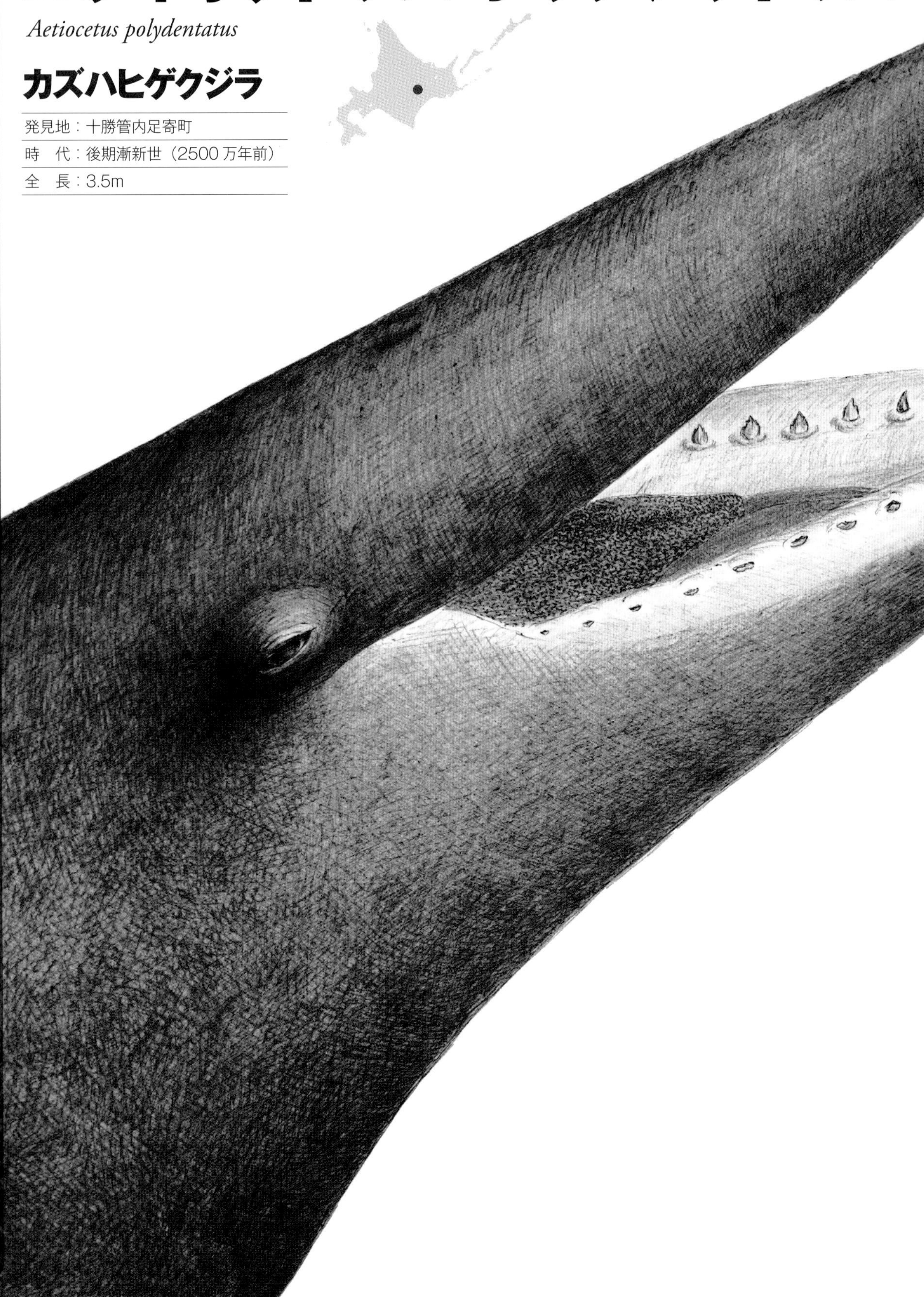

# モラワノケトゥス・ヤブキイ

*Morawanocetus yabukii*

発見地：十勝管内足寄町
時　代：後期漸新世（2500 万年前）
全　長：3.5m

## 歯のある
## ヒゲクジラ

足寄町から見つかった「歯のあるヒゲクジラ」。ヒゲクジラでありながらヒゲ板はなく、歯が生えています。歯が生えていた原始クジラと歯を失ったヒゲクジラの中間的な種類です。



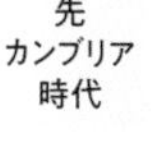

# いろいろなヒゲクジラ

**タイキケトゥス・イノウエイ**
*Taikicetus inouei*
全　長：4.5m
発見地：十勝管内大樹町
時　代：中期中新世（1300 万年前）
ヒゲ板を生やしている古代型ヒゲクジラの一つ。

**ミオバラエノプテラ・ヌマタエンシス**
*Miobalaenoptera numataensis*
通　称：ヌマタナガスクジラ
全　長：8m
発見地：空知管内沼田町
時　代：後期中新世（700 万年前）
今のナガスクジラの仲間の祖先種。

**ハーペトケトゥス亜科**
全　長：4m
発見地：空知管内沼田町
時　代：前期鮮新世（400万年前）
ヒゲ板を生やしている古代型ヒゲクジラの一つ。3～4mと小型。

# アルケオバラエナ・ドサンコ

*Archaeobalaena dosanko*

## フカガワクジラ

発見地：深川市
時　代：前期鮮新世（450 ~ 400 万年前）
全　長：6m くらい

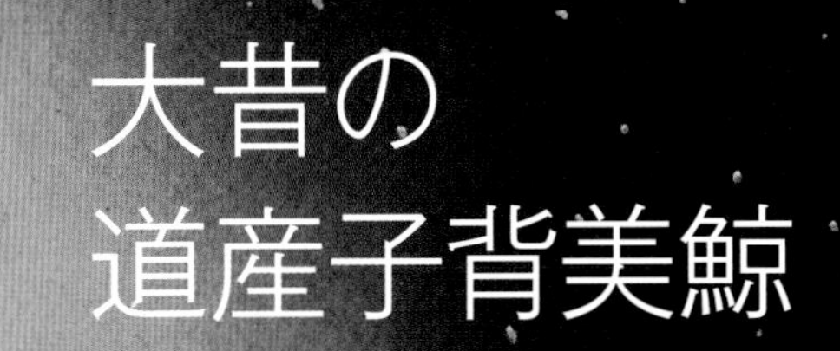

# 大昔の道産子背美鯨

フカガワクジラはヒゲクジラに属するセミクジラの仲間です。セミクジラの仲間は頭が巨大で、上あごが細く上に大きくアーチを描く独特の顔つきをしています。セミクジラの仲間は世界各地のいろいろな時代の地層から化石が見つかりますが、部分的な化石を除けば日本からはほとんど見つかっていないので、一部とはいえ頭の骨が保存されたフカガワクジラはたいへん貴重です。

フカガワクジラの頭の骨は、今のセミクジラよりかなり小さいことを除けば形がよく似ているので、外見も似ていたと思われます。北海道産のクジラ化石なので「道産子」が種小名になっています。（P54 参照）

# エシュリクティウス類

*Eschrichtius* sp.

## テシオコククジラ

発見地：留萌管内天塩町
時　代：後期鮮新世（およそ300万年前）
全　長：9mくらい

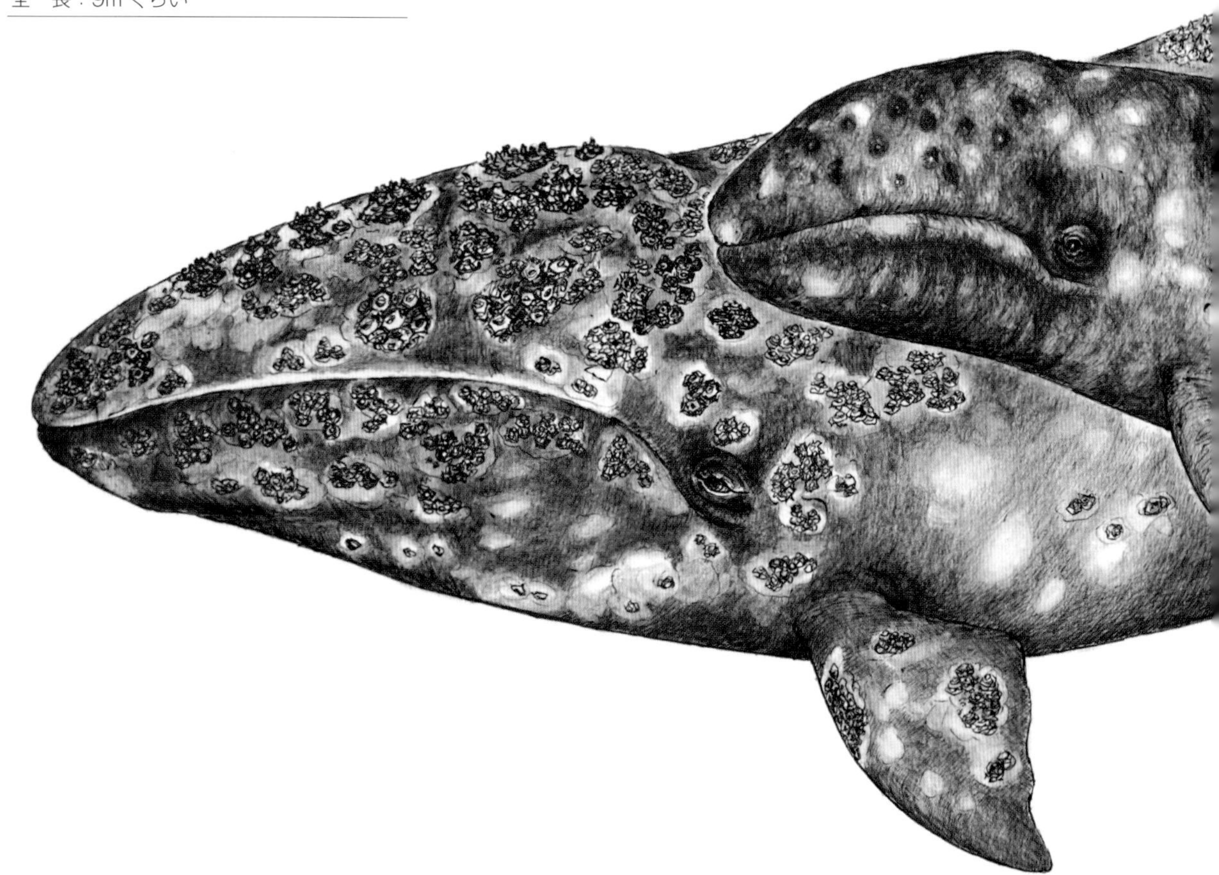

## コククジラの祖先

天塩町から見つかったテシオコククジラはヒゲクジラの仲間で、今のコククジラの大昔の仲間です。

コククジラの化石は世界でも発見例が少なくとても貴重です。頭の骨の一部や耳の骨は現生のコククジラとそっくりで、おそらく外見も似ていたことでしょう。

テシオコククジラの頭の骨はいくつかの部分に分かれています。骨同士が関節（結合）する面で分離していることから、単に壊れたのではなく、骨がゆるくてはずれたことがわかります。つまり、天塩町から見つかったテシオコククジラは子どもだったのです。（P126）

テシオコククジラと、同じくらいの大きさの今のコククジラの子どもの骨とを比べてみ

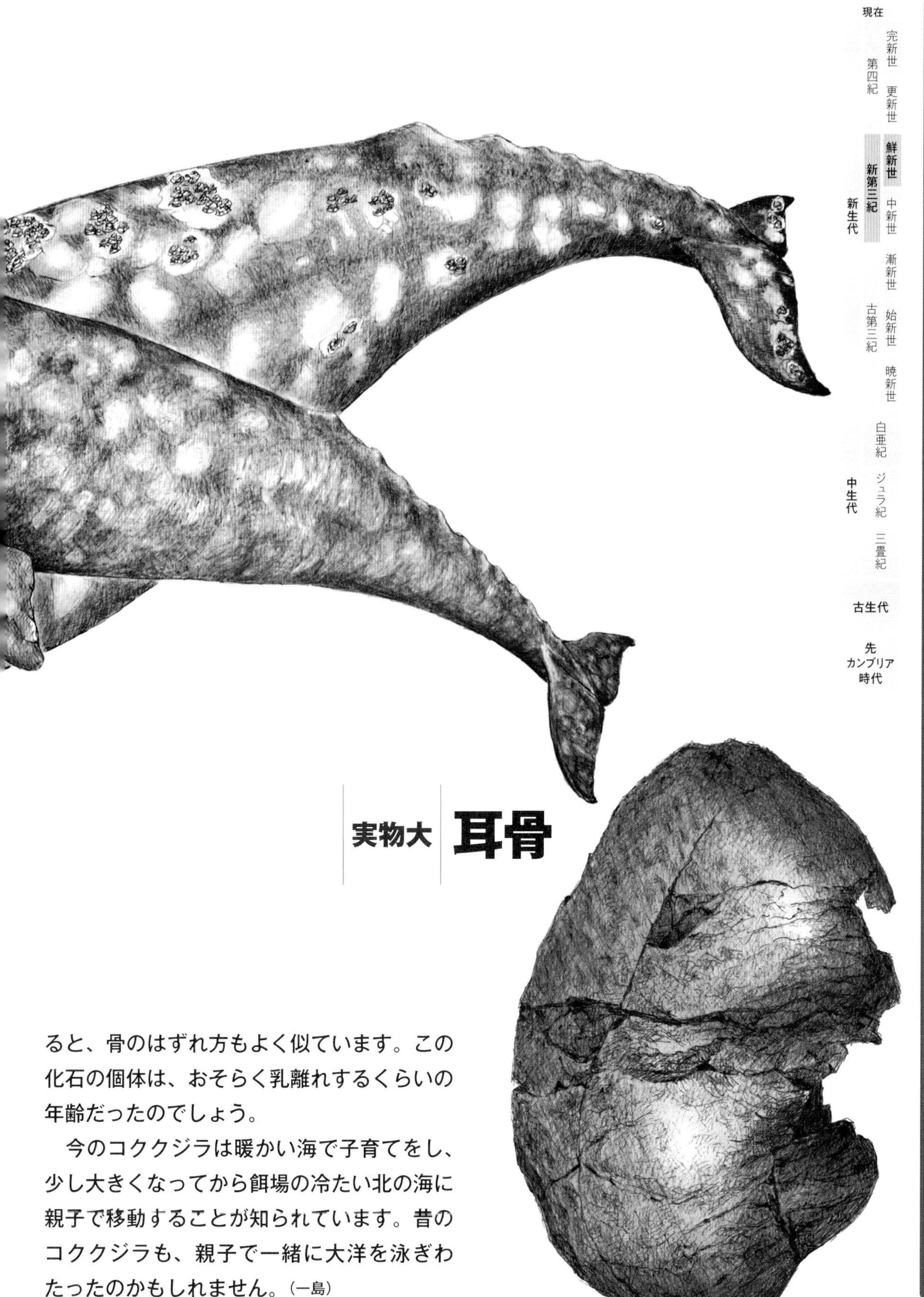

実物大 耳骨

ると、骨のはずれ方もよく似ています。この化石の個体は、おそらく乳離れするくらいの年齢だったのでしょう。

今のコククジラは暖かい海で子育てをし、少し大きくなってから餌場の冷たい北の海に親子で移動することが知られています。昔のコククジラも、親子で一緒に大洋を泳ぎわたったのかもしれません。（一島）

# ヒドロダマリス属

*Hydrodamalis* sp.

解説｜札幌市博物館活動センター
古沢 仁（学芸員）

## サッポロカイギュウ

| | |
|---|---|
| 発見地 | 札幌市 |
| 時 代 | 中新世（820 万年前） |
| 全 長 | 7m |

# 人魚に間違えられた哺乳類

海で暮らしていた哺乳類であるカイギュウは、古い生物学の辞典には「人魚目」として分類されています。1492年にアメリカ大陸を発見したとされるコロンブスの航海記にも「人魚を発見した！」という記述があります。

古くはギリシャにおけるホメロスの叙事詩『オデュッセイア』に登場するセイレーンという妖精が人魚の原型とされます。美しい歌声で船乗りたちを惑わす長い黒髪の女性の姿をしています。伝説がヨーロッパを中心に広がっていること、いずれも長い黒髪の女性であることから、体色の黒いマナティーが人魚に間違えられたのかもしれません。

820万年前の地層から出たサッポロカイギュウは、札幌市内で初めて発見された脊椎動物化石で、寒流の海で大型化したヒドロダマリス属の世界最古の標本です。

# 実物大 サッポロカイギュウの肋骨の一部

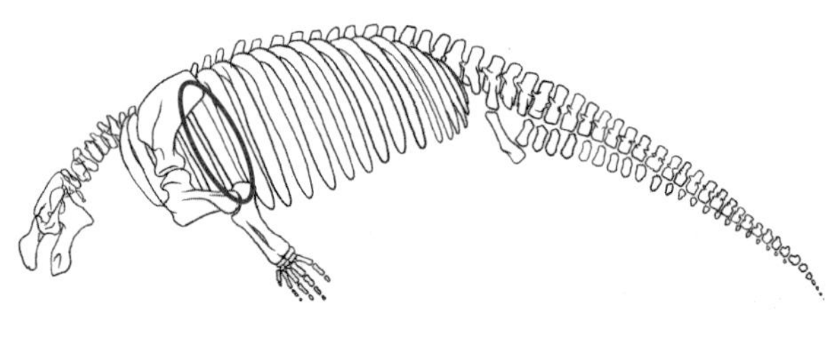

全身骨格

サッポロカイギュウの化石は、札幌の豊平川から肋骨6、胸椎6、胸骨1が発掘されました。何の絵を描くか相談に行くと、古澤さんはこう言いました。「肋骨がいい。すごい！　ページからはみ出すくらいの大きさなんだ、そう感じてもらえばいい」。ワクワクしたその顔は、まるで少年のようでした。（浩而）

# ゾウの仲間だったの?

カイギュウ類はクジラ類と同じように、生まれてから死ぬまで水の中で過ごす哺乳類です。クジラ類とは異なる独立したグループ(目)をつくっています。系統的には、ゾウの仲間(長鼻類)と、絶滅したグループであるデスモスチルスの仲間(束柱類)を共通の先祖に持ち、これら3目を合わせてテチテリア類と呼ぶことがあります。今からおよそ5300万年前、北半球にあったローラシア大陸(のちにユーラシア大陸と北アメリカ大陸に分裂)と南半球の超大陸・ゴンドワナ大陸の間にはさまれた細長い海「テチス海」に進出していったのがカイギュウ類の始まりとされます。

現生するゾウの仲間とカイギュウ類との共通の特徴は上肢の付け根に乳房を一対もっていることで、上唇を器用に動かして食事をすることが外見からもわかります。ゾウの鼻は上唇と鼻孔とが一緒に伸びたもので、上唇を動かす筋肉を使って器用に動かします。カイギュウの仲間で現在も生息するものには、インド洋、太平洋の沿岸域に生息するジュゴン1種と、大西洋の沿岸と大きな河川に生息するマナティー3種(アマゾンマナティー、アフリカマナティー、アメリカマナティー)がいます。

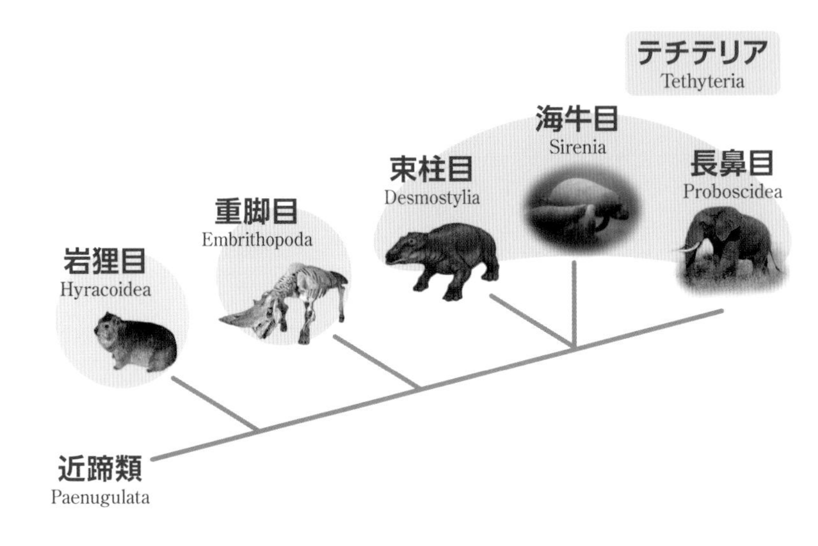


約 5000万年前の地球

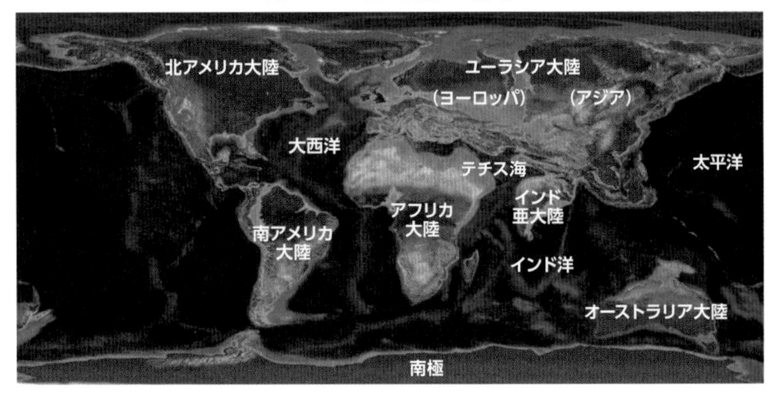

マナティー(左)とジュゴン

# なぜ海で暮らすようになったの?

地球上の生物は海中で生まれ、その後さまざまに進化を遂げて水辺から陸上へと進出していきました。水辺から完全に離れ、もっとも乾燥した環境に適応した動物が哺乳類といってもいいかもしれません。

陸上で暮らすには、空気中から酸素を得るための肺をはじめとした循環器系の器官を獲得しなければなりません。さらに陸上では、重力に耐えて四つの手足で体を支える必要があります。水分を蒸発させて熱をコントロールするための皮膚や、目を保護し、水分を保つ瞼(まぶた)や涙腺なども必要でした。こうして先祖がやっとのことで手に入れた進化のたまものをすてて、哺乳類のいくつかのグループがふたたび水中に生息場所を求めてもどっていったのです。それがカイギュウ類とクジラ類です。

ではなぜ、海にもどっていったのでしょう?

①海の中には豊富な餌があったから。

②海の中には餌を争う敵がいなかったから。

③外がとても暑かったので水中へ逃げ込んだ。

などの説があります。5100万～5500万年前に暁新世始新世境界温暖化極大期という暖かな…というより「暑い」時期があり、このころにカイギュウ類やクジラ類が海にもどっています。

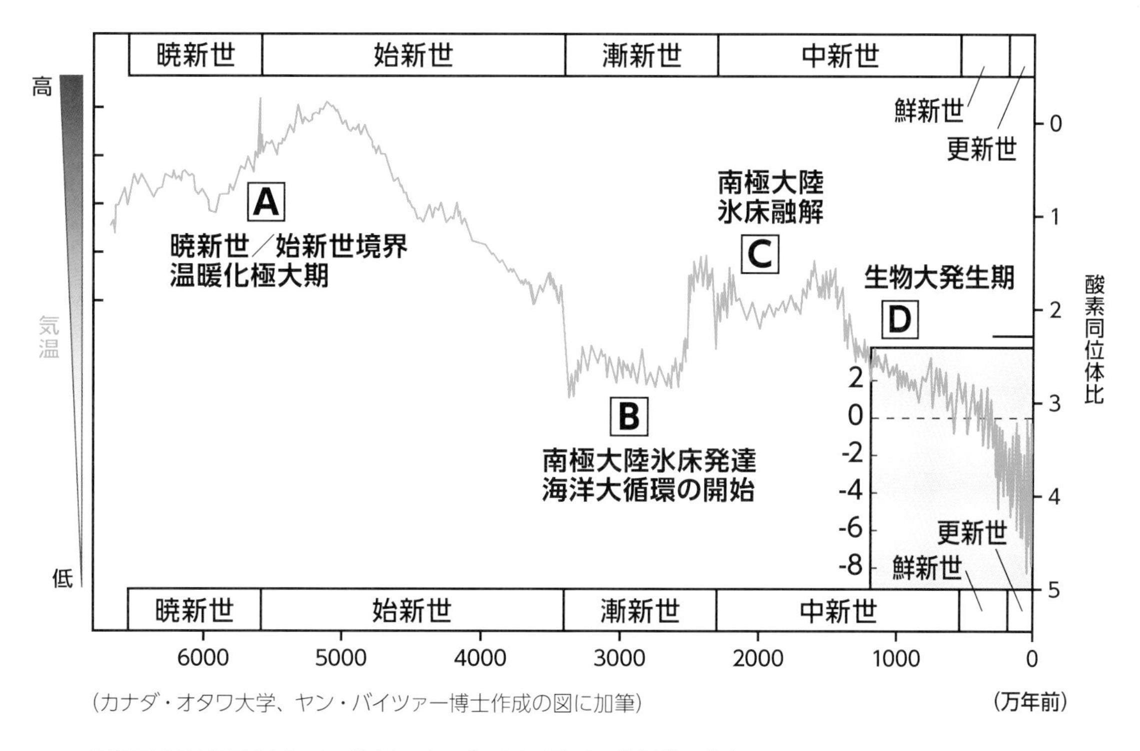


(カナダ・オタワ大学、ヤン・バイツァー博士作成の図に加筆)

A 地球全体が温暖化したことで陸上にいたクジラやカイギュウの祖先が海に進出したのかも…

B 南極周辺が冷やされたことで赤道付近の海水温と大きな温度差ができて海洋の大循環(対流)が始まった

D 海洋の環境が多様化したことでプランクトンなどの海の生物が大発生した

# Q カイギュウとクジラの骨はどう違う?

日本で最初にカイギュウ化石が見つかったのは長野県戸隠です。大きな肋骨が1本だけでしたが、大型のカイギュウ類の特徴であるいわゆる“バナナ状”の肋骨が決め手になりました。

クジラ類もカイギュウ類も大型の哺乳動物ですが、骨格の大きな違いは、クジラの肋骨が細くて軽い上に、肋骨に沿って筋肉がつく高まりが発達するのに対し、カイギュウの肋骨は太くて重く、バナナのような形をしています。

それは、クジラが水中を素早く動き回る動物をつかまえるのが得意なのに対し、カイギュウは水中の植物を食べるので、骨自体を大きく重たくして浮力を調整しているからです。クジラ類は骨をスカスカにして軽くするために全体に海綿質が発達しているのに対し、カイギュウ類の骨は密度が高くなっています。

また、脊椎の棘突起（きょくとっき）の長さが、クジラ類が長く大きいのに対し、カイギュウ類は短く小さいのが特徴です。クジラ類の方が、脊柱を上下に動かす筋肉を発達させる必要があるためです。

さらに、クジラ類は体長のわりに頭部の骨格が大きくなっています。それは、クジラ類が魚類や甲殻類を丸のみにする（特にヒゲクジラは大量に）のに対し、カイギュウ類は植物をよく咀嚼（そしゃく）して食べるためです。

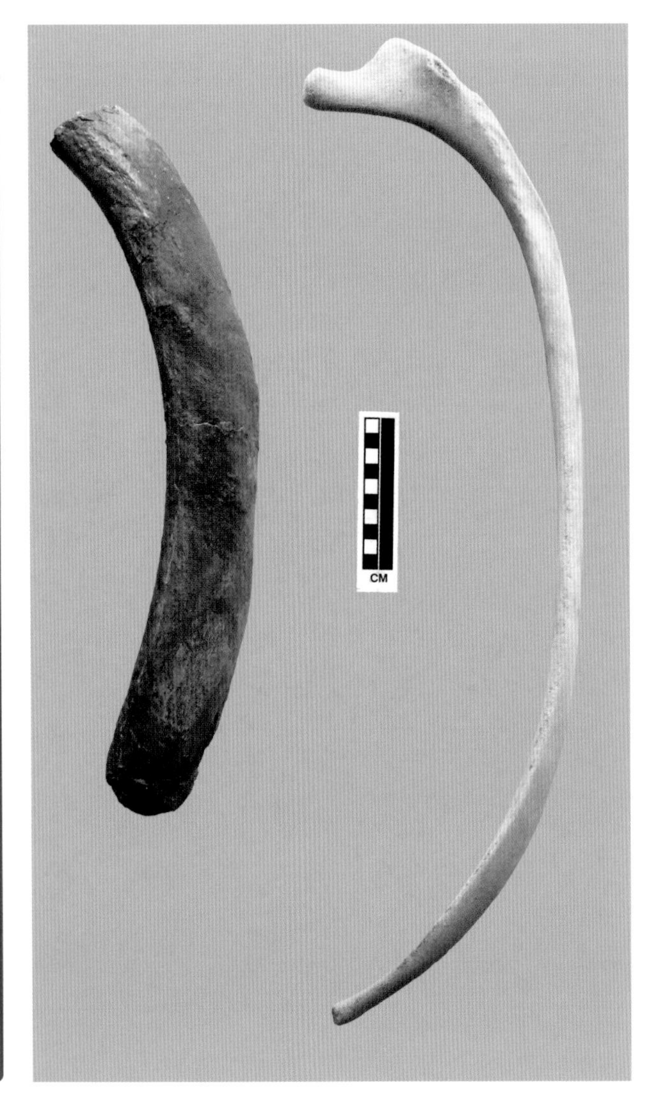


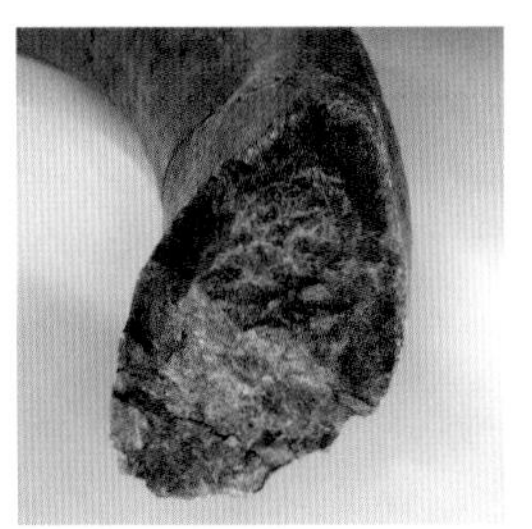

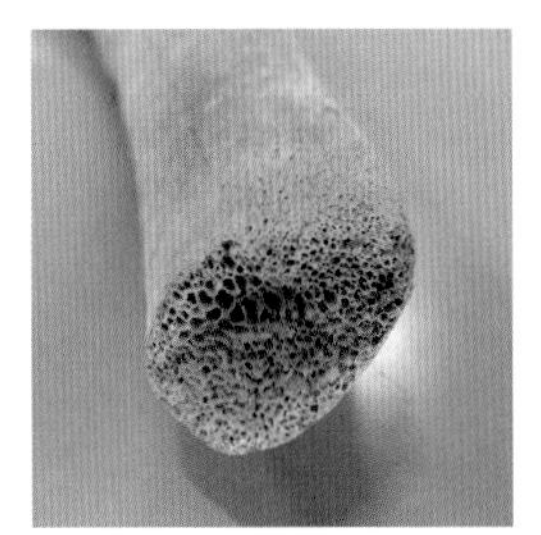

◀サッポロカイギュウ *Hydrodamalis* sp.（左）とツチクジラ *Berardius bairdii*（右）の肋骨。▲の写真はそれぞれの断面

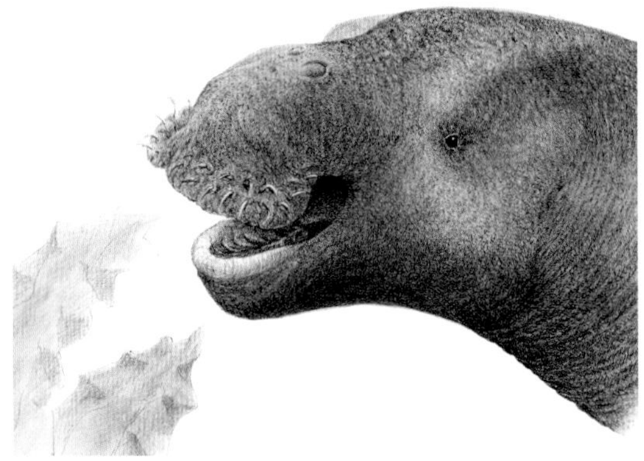

大型のカイギュウ類は、歯で咀嚼することをやめ、上あごと下あごにある咀嚼板というケラチン質のザラザラの板ですりつぶす。これによって、たくさんの食料を消化・吸収できるようになった

# カイギュウはなぜいなくなったの?

人魚と呼ばれていた動物がカイギュウと呼ばれるようになったのはなぜでしょうか。発見のきっかけはベーリング探検隊の遭難でした。

V.ベーリング(1681-1741)を隊長とする探検隊一行は1739年、カムチャツカ半島から北は現在のベーリング海峡、東はアラスカ、そして南は日本の紀伊半島までを大型帆船で探索します。ペリー来航の114年も前のことです。北に向かった一行は探検からの帰路、濃い霧に包まれて遭難し、小さな島に漂着します。その島で発見した大きな動物が大きな人魚=カイギュウでした。かれらは大きな体で海岸近くの海藻を牛のようにもぐもぐ食べていたことから、海の牛=海牛と呼ばれたのです。

隊長を含む32人がこの航海で命を落としますが、生き残った45人の隊員たちは、大人しくて人を怖がらないこの動物を2頭捕獲して食料にし、10カ月間を生き延びました。その肉は上等な牛肉の味がし、厚い脂はアーモンドオイルのように香ばしく、整腸剤としても有効でした。さらに、脂肪から取り出した油は暖房用の灯火となり、闇を照らす希望の明かりにもなりました。

その後、カイギュウは乱獲により、発見からわずか27年後の1768年に根絶しています。そのカイギュウは、生活の様子を細かく記録したG.W.ステラーの名をとって「ステラーカイギュウ」と呼ばれています。

## 寒いところにすむ哺乳類はなぜ大きい?

寒冷な地域に生息する哺乳類は、温暖な地域に比べ大型化するという規則があります。「ベルクマンの法則」とも呼ばれています。

哺乳類は、一定の体温を保ち続けるために、体の中で常に熱を作り続けています。その最も大きな組織が筋肉です。筋肉の量は、体の大きな動物ほど多くなります。大きくなって、熱を作り出す筋肉の量が増える一方、熱が奪われる体表面の割合が小さくなることが、寒さに適応できる理由です。お風呂のお湯は冷めにくいのに、お茶碗のお湯はすぐに冷めてしまうことからもわかるでしょう。

同じクマ科に属するクマの仲間を赤道付近から極地方まで順に並べると、北の寒い地域にすむ種ほど体が大きいことがわかる。左からマレーグマ、ツキノワグマ、ヒグマ、ホッキョクグマの剥製標本(群馬県立自然史博物館提供)

# 北海道で発見されたカイギュウと進化の謎解きプロセス

見つかった化石は、世界の研究者によってさまざまな角度から研究が進められ、
やがてその生き物が生きていた時代や体の大きさなどが分かってきます。
北海道で見つかったカイギュウ化石の研究の足取りを振り返り、進化の秘密を探ります。

## タキカワカイギュウ *Hydrodamalis spissa*

●滝川市、1980年発見　●時代：新第三紀鮮新世（約450万年前）

北海道のカイギュウ化石の発見は1980年のタキカワカイギュウからはじまります。埋まっていた地層の年代はおよそ500万年前です。滝川市を流れる空知川から発見されたカイギュウ化石は、全身の80%近くが産出しました。頭の骨のいくつかの特徴から大型のカイギュウ、ヒドロダマリス属であることがわかり、さらにこれまでに知られていない新種「タキカワカイギュウ（*H. spissa*）」として報告しました。

## ヌマタカイギュウ *Dusisiren* sp.

●空知管内沼田町、1987年発見　●時代：新第三紀中新世（約860万年前）

1987年、空知管内沼田町から発見されたカイギュウ化石は、タキカワカイギュウのおよそ6割の大きさでした。しかし、子供のカイギュウではありません。小さいけれど、しっかり成長した大人のカイギュウです。

子供と大人では骨に違いがあります。哺乳類には骨と骨の間に軟骨があって、それが成長して骨が伸びます。一定期間を過ぎると軟骨がなくなり、骨同士がかたく結びついて成長が止まります。子供の化石には、骨と骨が分離したりくっつききらないところが、はっきりとした線（骨端線（こったんせん））として見えます。沼田のカイギュウ化石には骨端線がほぼないことから、小さくても大人であることがわかるのです（P126のコラムも参照）。

この沼田町のカイギュウは、大型化するタキカワカイギュウの祖先にあたる、体長4mほどで口内に歯を持つドゥシシレン属のカイギュウです。一緒に産出した珪藻（けいそう）化石から860万年前～760万年前に生息していたことがわかりましたが、それ以上時代を絞り込むことができませんでした。

翌年（88年）には、ヌマタカイギュウの発見地点からおよそ2km下流の地点から大型のタキカワカイギュウの肋骨が発見されました。沼田町のこの2kmの範囲のどこかに中型のドゥシシレン属から大型のヒドロダマリス属へ移行するカイギュウの化石が見つかる可能性があるのですが、今のところ発見されていません。

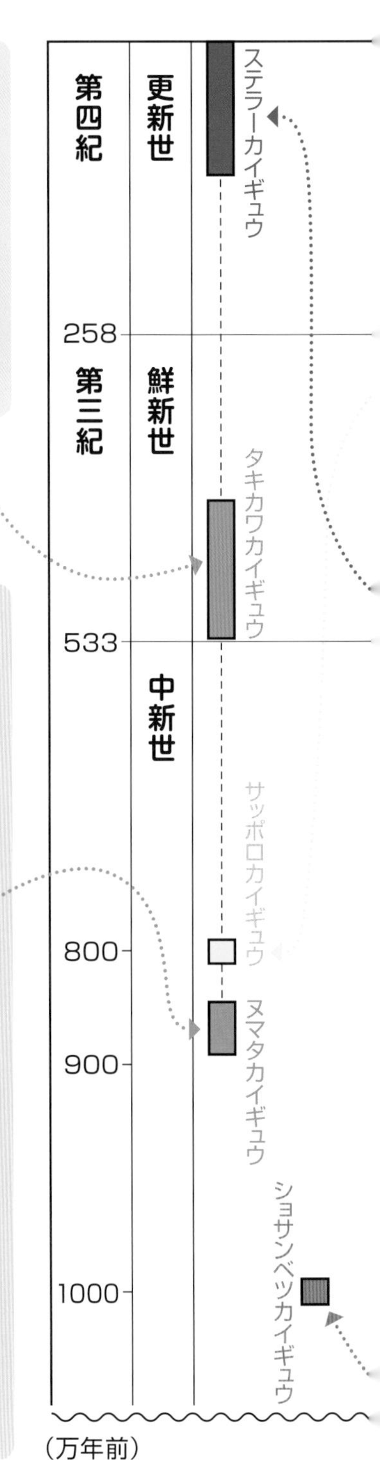

## サッポロカイギュウ *Hydrodamalis* sp.

札幌市、2003年発見　時代：新第三紀中新世（約820万年前）

2003年、札幌市南区を流れる豊平川の河床からカイギュウ類の肋骨が発見されました。発見したのは近くに住む小学5年生（当時）の棚橋愛子さんです。

地層から露出していた肋骨は大きく、そしてカイギュウに特徴的な〝バナナ状〟でした。発見された地層は小樽内川層、年代は後期中新世。大型のカイギュウ類としては、日本で初めて中新世という時代から発見されたものです。そしてその時代はまさに、カイギュウが中型から大型へ移行する時期にあたります。

札幌市では3年をかけ、「サッポロカイギュウ」の総合調査を開始しました。さまざまな分野の研究者による調査の結果、サッポロカイギュウの生息年代はおよそ820万年前と判明しました。すると大事なことがわかります。ヌマタカイギュウは860万年前～760万年前に生きていたと考えられましたが、ヌマタカイギュウはサッポロカイギュウより小型で、大型のサッポロカイギュウの仲間に進化する前の段階であることから、ヌマタカイギュウが生きていたのはサッポロカイギュウが生きていたより前、つまり820万年より前だったことがわかったのです。サッポロカイギュウは、カイギュウの仲間が820万年も前に世界に先駆けて大型化し、その後北太平洋に広く分布するようになったことを示しています。

ショサンベツカイギュウは他の4種とは別の系統に属していて、どれとも祖先—子孫の関係にない。

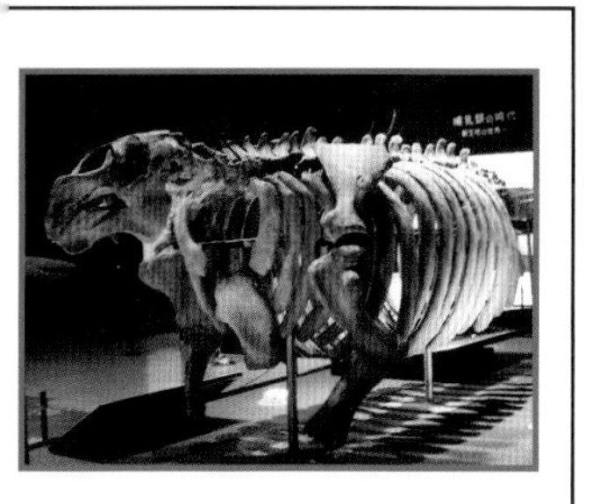

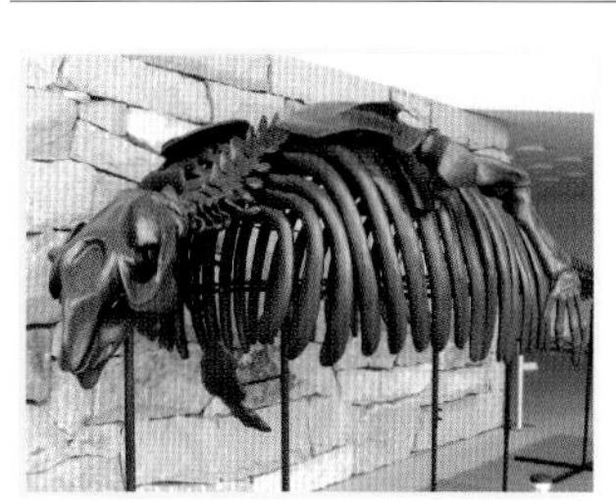

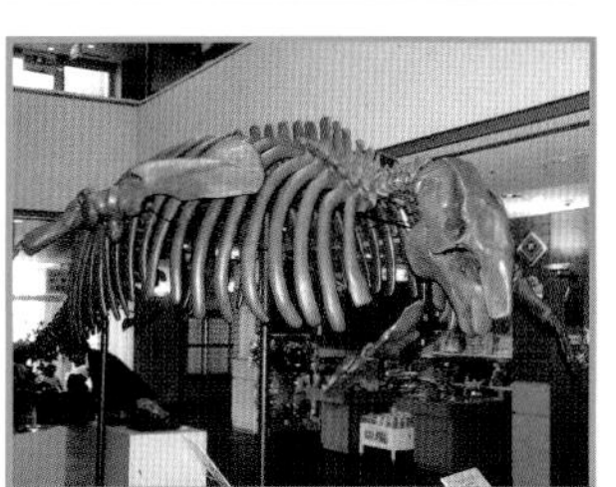

## ステラーカイギュウ *Hydrodamalis gigas*

●北広島市、1980年発見　●時代：第四紀更新世～完新世（約100万年前）

ステラーカイギュウは、すべての大型化石カイギュウの子孫にあたります。北広島から発見されたこの化石は、日本で最初に報告されたステラーカイギュウで、100万年ほど前のものです。その後、千葉県市原市からも報告されています。日本以外でも北米カリフォルニア州やアラスカ州、ロシア・カムチャツカ州から確認されており、寒い地域を好んだようです。世界的な気候変動にあわせ、寒冷期には南下、温暖期には北上した動きが化石からわかっています。

## ショサンベツカイギュウ Halitheriinae

●留萌管内初山別村、1967年
●時代：新第三紀中新世（約1100万年前）

1967年、道北の小さな町から胎児をともなうカイギュウ化石が発見されました。胎児の化石は世界でも珍しいものです。年代は後期中新世、今からおよそ1100万年前。極端に寒冷化する1050万年前の直前の温暖な時代です。カイギュウは日本に元々いませんでしたので、このカイギュウがどこからやって来たのかが謎です。温かな海域をたどって南からやってきたのか？　あるいは寒冷化する中で北からやってきたのか？　まもなくその結論が明らかにされる予定です。

もしヌマタカイギュウ（全長４m）、サッポロカイギュウ（７m）、タキカワカイギュウ（８m）が同じ海を泳いでいたとしたら……。植生は徐々に寒冷化し、ヌマタカイギュウがいたころには水辺で餌を取っていたラッコの先祖が、タキカワカイギュウのころには海に入り、ステラーカイギュウの時代に向けて繁栄していった。

# アロデスムス・ウライポレンシス

*Allodesmus uraiporensis*

解説｜大阪市立自然史博物館
田中嘉寛（学芸員）

発見地：十勝管内浦幌町
時　代：新第三紀（約1500万年前）
全　長：2m

## 大切な頭の骨が残っていた！

アロデスムス・ウライポレンシスはその名のとおり現在の十勝管内浦幌町付近から見つかり、2018年に新種として命名されました。化石になるときに、骨同士の関節が外れてバラバラになってしまうことが多いのですが、この化石は大切な頭が残っており、体の骨格もつながって発見されました。だから新種として、いままで見つかっている種類とは別だと考えることができたのです。

参考文献
<アロデスムス・ウライポレンシス>
Tonomori, W., Sawamura, H., Sato, T. and Kohno, N., 2018: A new Miocene pinniped Allodesmus (Mammalia: Carnivora) from Hokkaido, northern Japan. Royal Society Open Science. vol. 5.

# 鰭脚類の仲間

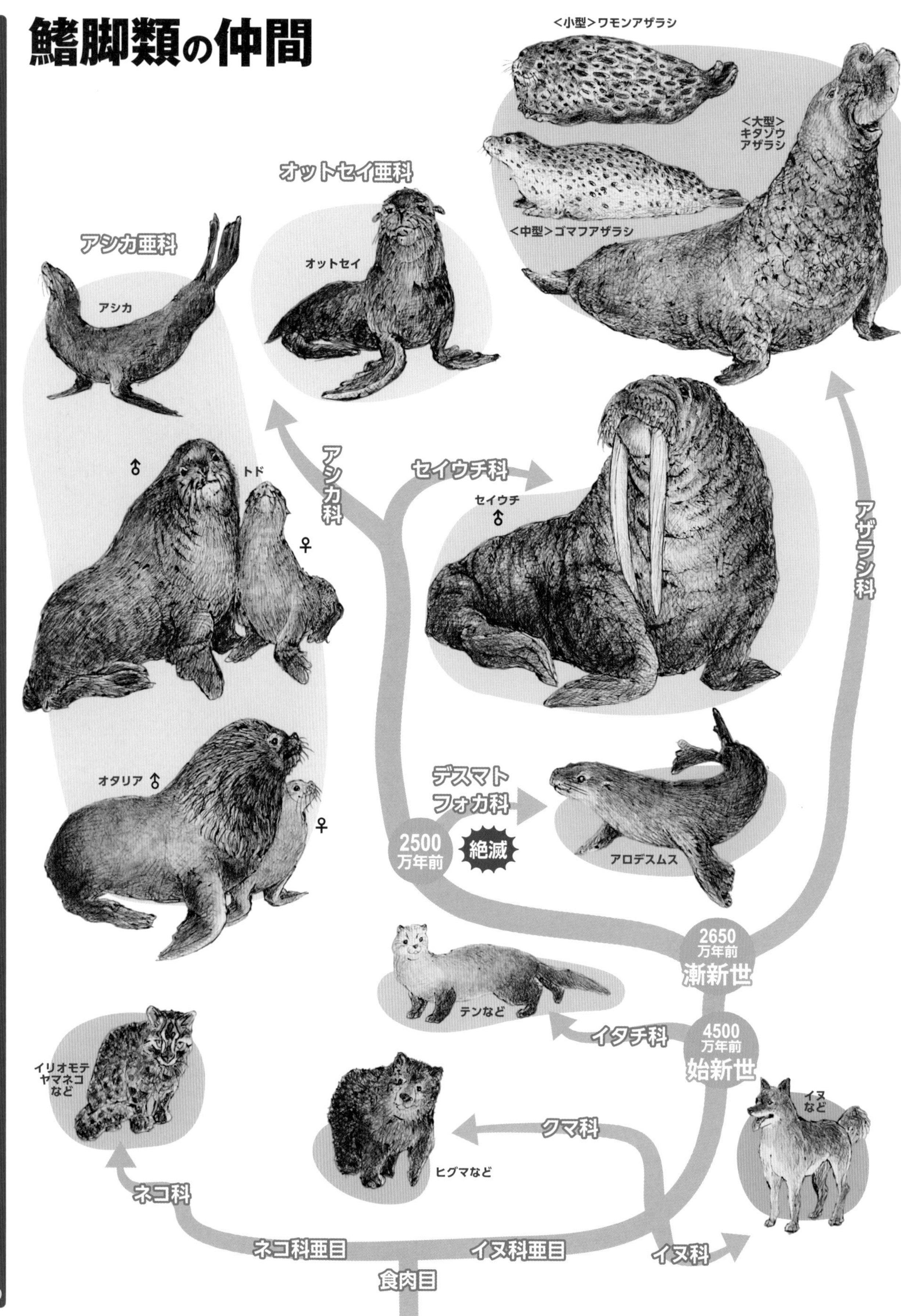

<小型>ワモンアザラシ
<大型>
キタゾウ
アザラシ
<中型>ゴマフアザラシ
オットセイ亜科
オットセイ
アシカ亜科
アシカ
♂
トド
♀
アシカ科
セイウチ科
セイウチ
♂
アザラシ科
オタリア ♂
♀
デスマト
フォカ科
2500
万年前
絶滅
アロデスムス
2650
万年前
漸新世
テンなど
イタチ科
4500
万年前
始新世
イリオモテ
ヤマネコ
など
ヒグマなど
クマ科
イヌ
など
ネコ科
ネコ科亜目
イヌ科亜目
イヌ科
食肉目

## Q アシカとイルカはどう違う?

目が大きくてかわいらしい姿で大人気のアシカ、アザラシ、セイウチは、同じ祖先から進化してきたグループで、鰭脚類といいます。鰭脚類の特徴は、手足がヒレ（鰭）になっていて、ヒレを使って泳ぐこと。イルカやクジラと同じく海に生きる哺乳類です。鰭脚類がイルカやクジラと違っている点は陸にも上がれることです。陸上では、休んだり子どもを産んだりします。

## Q ネコやイヌの親戚ってホント?

鰭脚類はネコやイヌ、ヒグマ、イタチ、キツネなどと同じく哺乳類の中の食肉類という大きなグループに含まれます。つまり、ネコやイヌは親戚なのです。いちばん近い動物はイタチで、始新世（およそ 4500 万年前）に枝分かれし、さらに鰭脚類の中でアシカ+セイウチグループとアザラシは漸新世（およそ 2650 万年前）に分かれました。

陸上にすんでいる食肉類は裂肉歯という切り裂きの歯を持っています。上下の歯が組み合わさり、長いハサミのようにはたらきます。長い犬歯と、かむための強力な筋肉を持っているのも特徴です。

ネコ科ネコ

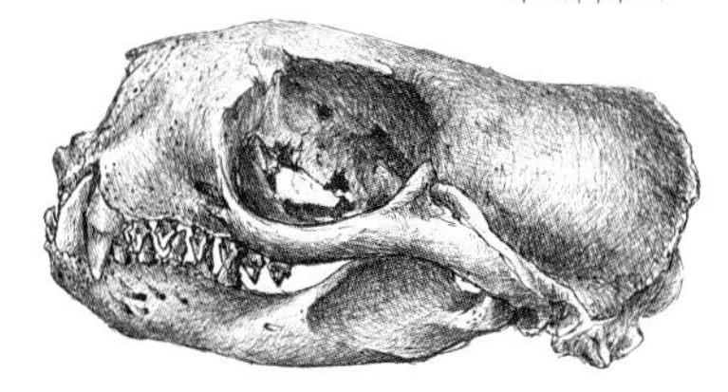
アシカ科オットセイ

## 化石探し名人になるには?

成功に身を震わす井上氏

アロデスムス・ウライポレンシスの化石は 1991 年 10 月、浦幌町の川べりに転がっていたのを化石探し名人の井上清和さんが見つけ、博物館に持ち込みました。井上さんは同じ年にクジラの化石（タイキケトゥス・イノウエイ）も発見していました。

井上さんは子どものころ、小学校にあった化石の本を何度も借りて読んでいました。ある日、家の敷地の砂利の中に化石が入っていることに気がつきました。「なんで化石になるんだろう?」と不思議に思い、化石に夢中になりました。大人になったいまも化石を見ると不思議な気持ちになると言い、もっと化石の勉強を続けていろいろなところへ探しに行こうと考えているそうです。

河原の様子

# アルケオドベヌス・アカマツイ

*Archaeodobenus akamatsui*

## トウベツアカマツセイウチ

発見地：石狩管内当別町
時　代：後期中新世（1000 ~ 950 万年前）
体　長：2.8 ~ 3m
体　重：400 ~ 475kg

北海道からはいくつかの鰭脚類化石が見つかっています。その中でアロデスムス・ウライポレンシスのほかに新種として命名されたのがトウベツアカマツセイウチです。1977年に当別町を流れる当別川から発見され、2015年に命名されました。牙などの化石が北海道大学総合博物館で見学できます。

# 実物大 トウベツアカマツセイウチの牙

右の絵は、実際のトウベツアカマツセイウチの牙の化石を実物大でスケッチしたものです。

大学生のとき、当別町から見つかったセイウチ化石をクリーニングしました。タガネとハンマーを使って大きく岩を削っていきます。だんだん骨に近づいてきたら、エアチゼルというペン形の振動する針を使って細かくきれいに削っていきます。岩がはがれ、骨が現れてくるにつれて「この骨を世界で初めて見たヒトは私だ……!」と思い、うれしくなりました。

クリーニングされた骨化石をよく見ると、神経の通り道や、筋肉がついていた痕などが確認でき、「確かに生きていたんだなぁ」と実感できます。このように、しっかり形が見えるようになってはじめて研究ができるのです。

セイウチといえば長い牙を持っていると思い込んでいましたが、トウベツアカマツセイウチのような昔のセイウチは、アシカのような短い牙しか持っていないことを知って驚き、面白いと感じました。昔のセイウチは、とがった歯で魚などを捕まえていたのでしょう。

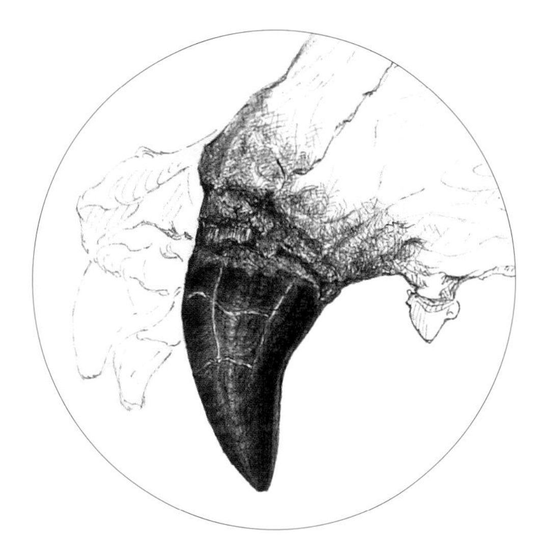

現代のセイウチの歯は丸っこいので、すばやく泳ぐ魚を捕まえるようにはできていません。掃除機のようにして、海底でゆっくり泳ぐ魚や貝やエビなどを吸って食べています。セイウチのグループの中で、海底の生き物を食べるように進化が起こったのです。（田中）

参考文献
<アルケオドベヌス・アカマツイ>
Kohno, N., 2006: A new Miocene odobenid (Mammalia: Carnivora) from Hokkaido, Japan, and its implications for odobenid phylogeny. Journal of Vertebrate Paleontology, vol. 26, p. 411-421.
Tanaka, Y. and Kohno, N., 2015: A new late Miocene odobenid (Mammalia: Carnivora) from Hokkaido, Japan suggests rapid diversification of basal Miocene odobenids. PLoS ONE. p. 1-25.

キホンのコラム…⑤

column...5

# 骨や歯の化石から何がわかるか

古生物では、いま生きている生き物と違って、肉や皮膚などの部分は腐ってなくなってしまいます。そのため、腐りにくくて硬い部分、すなわち骨や歯を使う研究が中心になります。

骨や歯の化石からでも、その生き物の暮らしぶりを推定できる場合があります。生きている間に骨にまで達するケガをしたことがわかったり、かかった病気がわかることもあります。骨がつながったままで、あまり壊れずに見つかれば、体の動かし方がわかることもあります。

また、骨の状態から大人か子どもかもわかります。ヒトも動物も、生まれてから骨は成長し、大きくなります。中でも、脳を収める頭の骨はいくつかの骨でできているため、生まれてすぐのころは骨同士の間に隙間があります。成長するにつれて互いにしっかり組み合わさり(「縫合(ほうごう)」といいます)、大人の頑丈な頭の骨になります。

子どもから大人になる過程では、骨の大きさだけでなく形も変わります。大人と子どもを見分ける骨としては、背骨もよく使われます。子どもでは、骨の本体と端の骨が離れていて、その間を軟骨が埋めています。軟骨が増えることで骨は長く伸びますが、大人になるにつれて軟骨はなくなり、端と本体は癒合(ゆごう)して一つの骨になって成長が止まります。歯も重要で、すり減り具合から年齢を推定したり、歯の形を頼りに何を主食にしていたかを推定します。また、どのような食べ方をしていたか(餌をよく噛んだか、丸のみしたかなど)を考えます。

骨は筋肉との関係が深いことから、おおよそどの方向にどの程度の力を出せたかなどもわかります。最近では、CT(コンピュータによる断層撮影法)を使って骨内部の構造を詳しく調べることで、脳が入っていた空洞の大きさや形から、視覚や嗅覚、聴覚や平衡感覚の能力を調べることができます。また、形ではなく、骨の化学成分から、生前その動物が何を食べていたかを推定する研究法もあり、多くの研究者が古生物の生活を明らかにしようと努力しています。(一島)

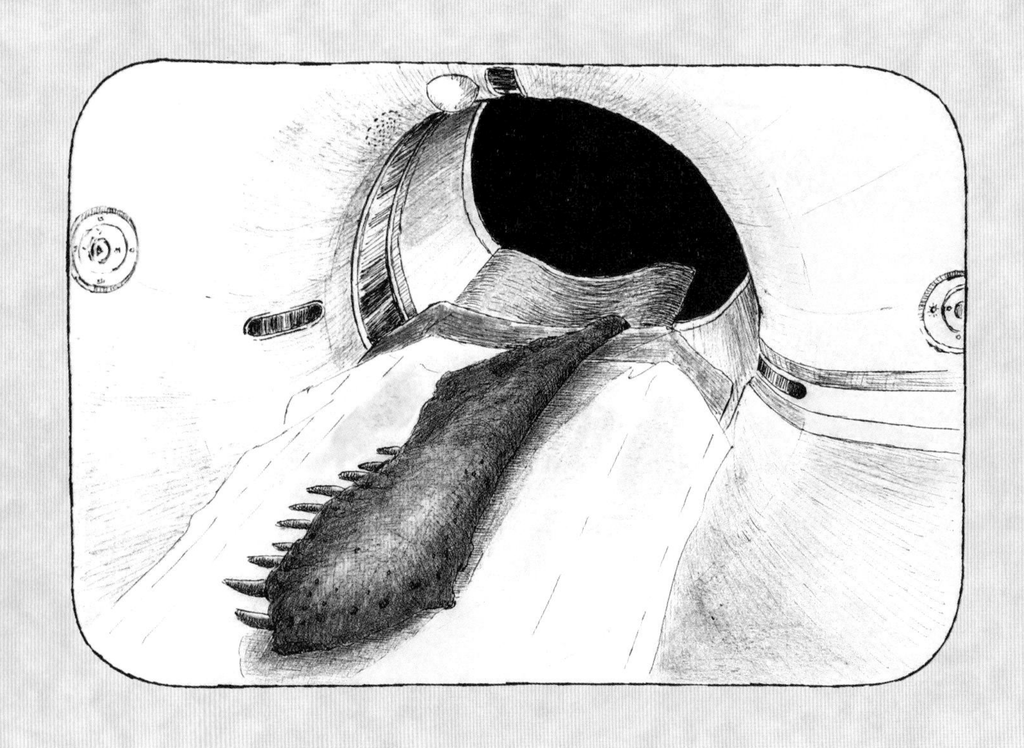

キホンのコラム…❻
column 6

# 化石のクリーニング

化石が大地から掘り出されたあとは、研究のために化石の周りの岩石を取り除いて化石だけにする必要があります。これを「化石クリーニング」といいます。余分な岩石を取り除いて化石を「きれいにする」ことから、そう呼ばれたのでしょう。英語のように聞こえますが、普通に使われる英語では、クリーニング（cleaning）に「岩石を取り除く」意味はありません。英語ではプレパレーション（preparation）といいます。

クリーニング作業には、器具を用いて化石の周りの岩石を削り取る方法のほか、酸などの薬品を使って岩石を溶かす方法もあります。野外で見つかる化石は、「ノジュール」とか「コンクリーション」と呼ばれる球状のかたまりの中に入っていることがあります（P55）。このかたまりには、酸によく溶けるものがあります。その場合、①化石表面に液体プラスチックを塗る②かたまりごと酸性の溶液につけ、一定時間おいてから取り出して水洗い③乾いてから、新たに現れた化石表面に液体プラスチックを塗り、再び酸につける――という作業を繰り返します。そうすると、やがて石だけが溶けて化石が残るのです。酸がよく効く標本の仕上がりはきれいですが、どの方法を使うかは化石の状態や岩石の性質によります。

また、最近ではCT（コンピュータによる断層撮影法）で得られた岩石内部の骨の情報をコンピューター上に再現し、画面上で「デジタルクリーニング」を行うこともあります。骨が細くてもろく、機器で削り出すのが難しい場合に有効な手法です。（一島）

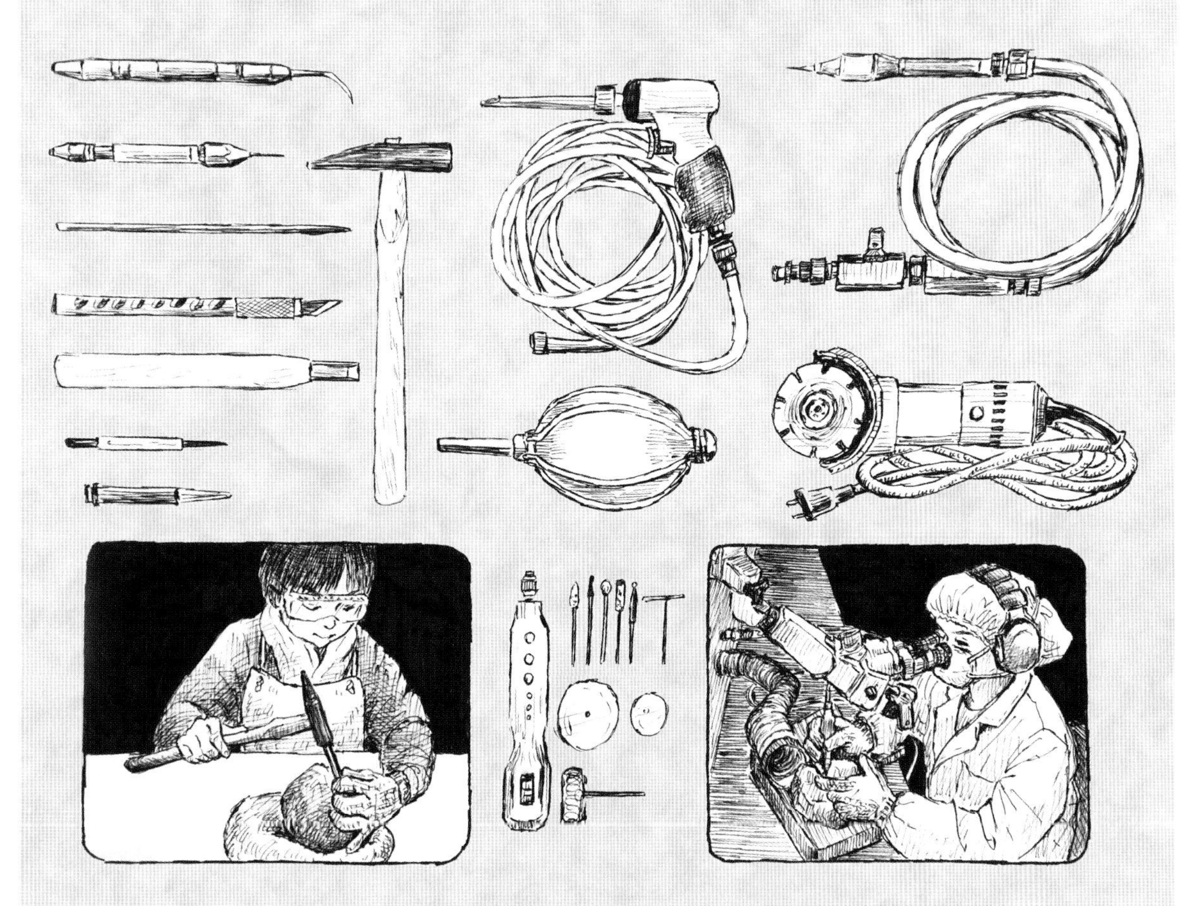

浩而魅諭の

# ホンキのコラム…❷

## 魅力の塊（かたまり）・北海道

生粋のドサンコ・ヒロジがこの本の取材で訪ねた土地と面白エピソードの数々！
他にもたくさんあるのですが、一部しか載せられないのが残念です……。

花咲灯台・車石の洗礼の巻
ワタシ、行ってみたいところがあるんです
どこですか？
車石!!
花咲灯台にあるんです
ついた〜!!
おお!!
わ〜スゴい!
あ!アソコから見るのが良いみたい
車石
おお!!
スバラシイ!!
ザッバーン!!
根室市歴史と自然の資料館
大湊海軍通信隊根室分遣所として建設。
おひるは、丸三真鍋そば屋が良い
ラッコ骨格・剥製・毛皮全てが展示されている。
オオジシギだらけ!
風蓮湖
花咲灯台
ユルリ島
タンチョウ
オオワシ
落石岬 不思議な光景が広がる
道の駅おとふけ
帯広動物園
道の駅 十勝川温泉
忠類ナウマン象化石発掘跡地
忠類ナウマン象記念館
発掘調査現場には、シマエナガをはじめとする野鳥がたくさん

# オオワシと出逢えない男

# 恐怖の三毛別

# 続・恐怖の三毛別

第3部

# 氷河時代

## [新生代第四紀]

ゾウ類

偶蹄類

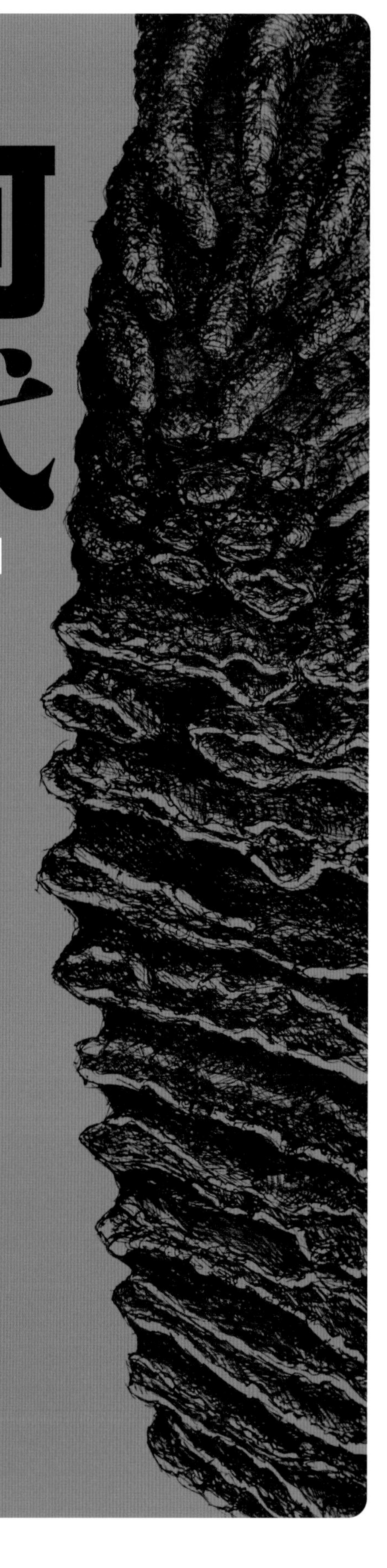

# パレオロクソドン・ナウマンニ

*Palaeoloxodon naumanni*

解説｜添田雄二（幕別町教育委員会）
木村方一（北海道教育大学名誉教授）

## ナウマンゾウ

発見地：十勝管内幕別町など
時　代：後期更新世（約12万～3.5万年前）
肩　高：約2.0～2.5m

# 南から北海道に渡って来たゾウ

ナウマンゾウは約34万年前に対馬海峡付近を通って大陸から日本に渡ってきました。その後は環境に適応しながら北上し、北海道には約12万年前に到達しました。九州以北の200カ所以上で化石が発見され、北海道では十勝地方の幕別町や石狩地方の北広島市など5カ所で発見されています。発掘現場の植物化石の分析から、森林を中心に生息していたと推定されています。

北海道にいたナウマンゾウは、日本に渡って来たころの姿と比較すると、耳がやや小さくなり全身は毛で覆われるなど、厳しい冬の寒さを生き抜く体に変化していた可能性があります。

# マムーサス・プリミゲニウス

*Mammuthus primigenius*

## ケナガマンモス（ケマンモス）

発見地：空知管内由仁町、北広島市など
時　代：後期更新世
（約４万９千年～２万３千年前）
肩　高：約 3.0 ～ 3.5m

# 北から渡って来たゾウ

ケナガマンモスは数十万年前にシベリアで出現しました。永久凍土から発見された「冷凍マンモス」によって、長い体毛や小さな耳、短い尻尾など氷期の寒冷環境に適した体であったことがわかっています。

氷期に海水面が下がり間宮海峡と宗谷海峡が陸でつながると、サハリンを経て北海道に南下して来ました。約４万９千年前以降の化石（臼歯のみ）が空知地方の由仁町や知床の羅臼町沖の海底などで発見されています。シベリアでは草原にすんでいましたが、当時の北海道は草原と針葉樹林が発達しており、時には樹皮も食べていたと推定されます。

# 実物大 ケナガマンモスの臼歯

発見地：知床の羅臼町沖（根室海峡）の海底
年　代：後期更新世（約3万～2万7千年前）
所　蔵：根室市歴史と自然の資料館

日本で発見されているケナガマンモスの臼歯の中では最大級。1982年に羅臼町の沖約10kmの漁場（水深120～130mの海底）でスケトウダラ漁の刺し網にかかって採取されました。発見から約40年が経過した今でも、海底にあったことを思わせる独特な匂いが少し残っています。

全身骨格（北海道博物館）

後

ゾウの臼歯は、硬いエナメル質に覆われた「咬板」が張り合わさってできている。咬板断面のしま模様はゾウの種類によって違う。またゾウの歯は、顎の奥からでき始めて、成長するに従って前方に押し出されて絵のような一つの歯になる。この絵は右下顎の臼歯。

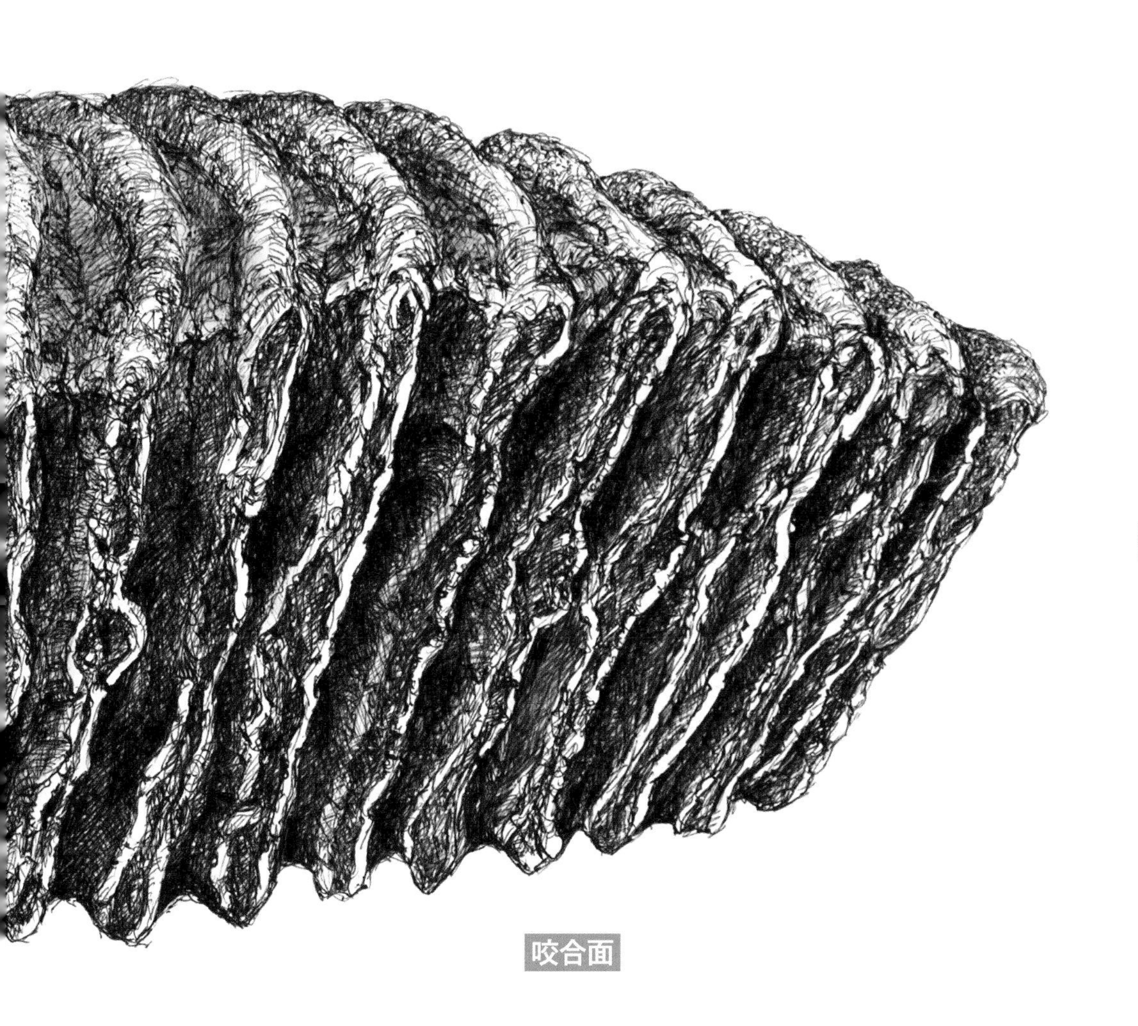

# ゾウたちの往来

第四紀の地球は寒冷な「氷期」と温暖な「間氷期」を繰り返していました。北海道で発見されたナウマンゾウとケナガマンモスの化石を調べると、ゾウたちの多くは、この環境変動に合わせて南北に移動していた様子がうかがえます。

2種のゾウのうち最初に大陸から日本にやって来たのはナウマンゾウで、その後は日本の冬にも適応しながら、温暖な間氷期が訪れるたびに本州を徐々に北上し、約12万年前の間氷期にはついに北海道に到達しました。なお、間氷期の海水面の高さは現在とほぼ同じで、津軽海峡があったため、泳いで渡って来たことになります（現代のゾウも海を泳げることが知られています）。

その後、地球は徐々に寒冷化し、やがて氷期が訪れて海水面が下がり間宮海峡と宗谷海峡が陸になると、少なくとも約4万9千年前にはケナガマンモスが大陸やサハリンから北海道へ南下して来ました。このころの多くのナウマンゾウは寒さを逃れて本州へ南下していたのか、化石記録は約4万5千年前と約3万5千年前の2例だけです。これらの年代と重なるケナガマンモスの化石も発見されていますから、ケナガマンモスが草原に群れをなす中、氷期の北海道の寒さに適応できたナウマンゾウだけが森の周りで暮らしていたのでしょう。なお、ケナガマンモスが本州に南下したことを示す化石は発見されていません（島根県沖の海底から発見されている臼歯は大陸から流れてきたと推定されています）。長い体毛では、津軽海峡を泳いで渡ることができなかったのかもしれません。

その後、地球はさらに寒冷化し、北海道での化石記録は約2万9千～2万3千年前のケナガマンモスだけになります。地球は約1万8千年前まで寒冷化していましたから、この年代あたりまで生息していたケナガマンモスの化石が、将来北海道で発見される可能性があります。

参考文献
高橋啓一・添田雄二・出穂雅実・小田寛貴・大石徹「北海道のゾウ化石とその研究の到達点」（化石研究会会誌、第45巻第2号）

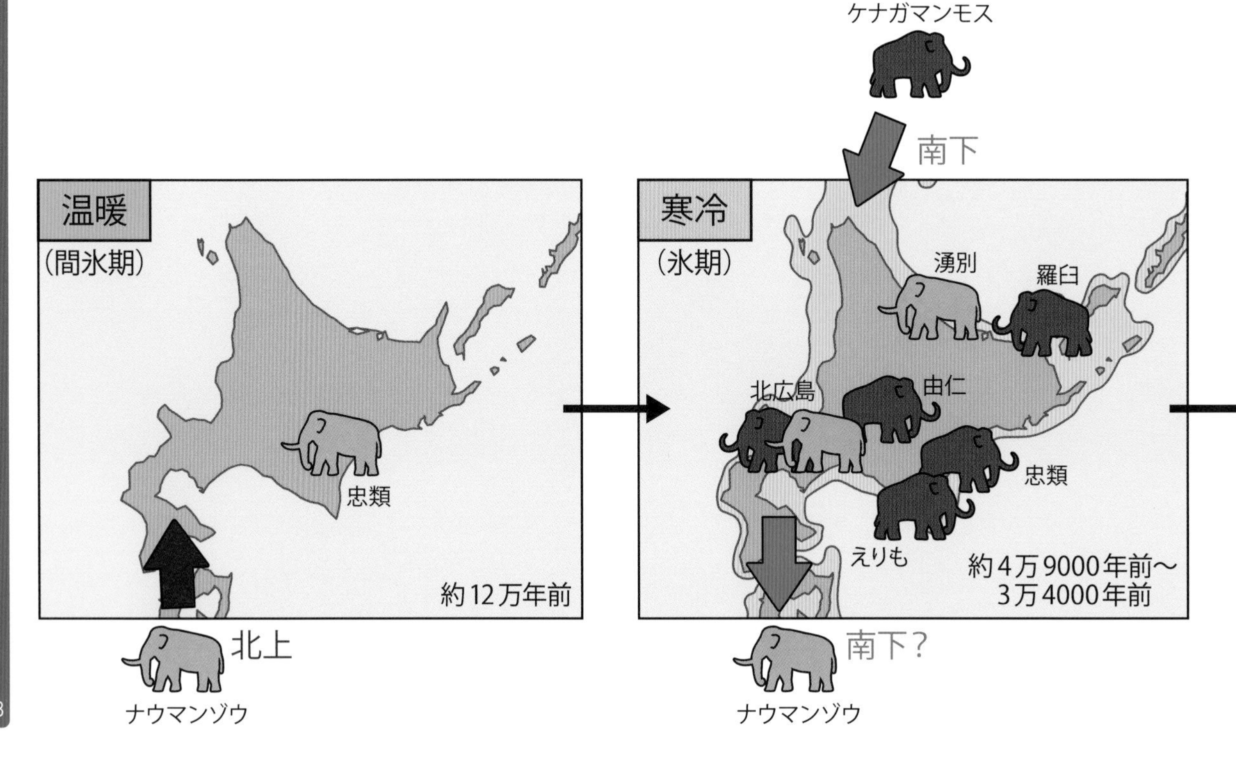

# 北海道のナウマンゾウとケナガマンモス

北海道内では5カ所（7例）でナウマンゾウの化石が発見されています。1969 年から 70 年にかけて、十勝地方の幕別町忠類（旧忠類村）で約 12 万年前の1頭分の化石が発見されました。「忠類ナウマン象」と呼ばれ、北海道を代表するゾウ化石です。

頭骨は道路工事の影響でバラバラの状態でしたが、四肢骨や腰の骨など大きな骨はそろっていたことから、1971 年には早くも全身復元骨格模型が完成しました。復元骨格はこれまでに 23 体も作製され、北海道では幕別町の忠類ナウマン象記念館と札幌市の北海道博物館で見ることができます。これ以外は全国各地の博物館のほか、中東のクウェートでも展示されています。

北海道の他の4カ所では臼歯だけが見つかっています。空知地方の雨竜町と栗山町の標本は約 12 万年前のもので、石狩地方の北広島市の標本は約4万5千年前、オホーツク地方の湧別町の標本は約3万5千年前のものです。

ケナガマンモスの化石は8カ所（13 例）で発見されていて、すべて臼歯です。このうち空知地方の夕張市発見とされている臼歯は貿易商から購入したもので、産地は確実ではありません。この標本を除くと、空知地方の由仁町で発見された臼歯が最も古く（約4万9千～4万7千年前）、日高地方のえりも町から発見された臼歯が最も新しい標本（約2万3千年前）です。えりも岬沖や羅臼町沖などの海底から発見されているということは、ケナガマンモスが生息していたころは氷期の影響で海水面が下がり、現在の海底が陸地だったことを物語っています。

今のところ、ナウマンゾウとケナガマンモスの化石が両方発見されているのは北広島市と幕別町の2カ所です。このうち北広島市の標本については、2010 年の研究で、両種が4万5千年前ごろに一緒に暮らしていた可能性が浮かび上がりました。（添田）

ケナガマンモス
南下
さらに寒冷
（氷期）
羅臼
野付
えりも
約2万9000年前～2万3000年前

■ナウマンゾウ化石発見地点 /5カ所（7例）
生息年代は約 12 万～3万5千年前

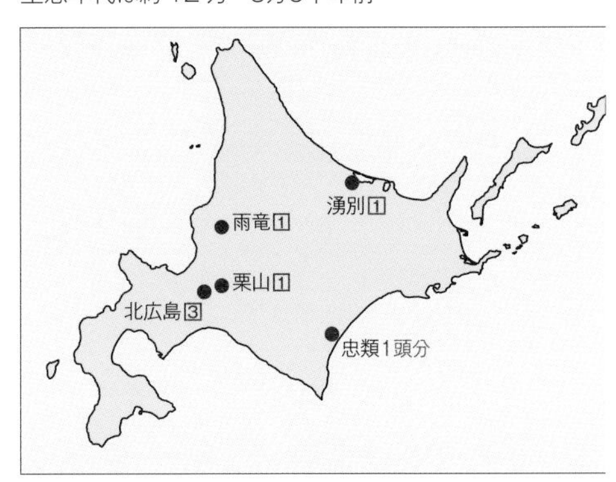


■ケナガマンモス化石発見地点 /8カ所(13 例)
生息年代は約4万9千年～2万3千年前

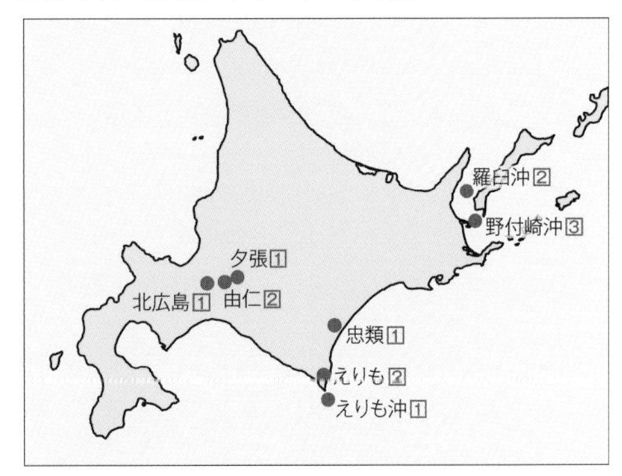


地名の横の数字は発見された化石の数
（幕別町忠類で発見されたナウマンゾウ以外は全て臼歯）

# Q 忠類ナウマン象の復元骨格に違いがあるのはなぜ？

1971 年に完成したナウマンゾウ忠類標本の復元には大きな問題がありました。それは、骨格復元に使える頭骨がなかったことと、椎骨の化石が少なく、とくに胸椎は壊れたものが 2 点だけだったことです。

現生のアジアゾウとアフリカゾウを比べてもわかるように、キバの大きさや形、それを支える頭（骨）の形、大きな胴体の背中のライン（横から見たときの体型）は、それぞれの種をあらわす目立つ特徴です。

頭骨は千葉県で 71 年に発見されたナウマンゾウ「猿山標本」を借りることができました。背中のかたちは、椎骨（背骨）の連なりの曲がり具合と、一つひとつの背骨から上方に伸びた「棘突起」の長さや傾きで決まります。下のオズボーンの図のように、棘突起のようすで背の形が変わることがわかります。復元に当たった亀井節夫さんは、ナウマンゾウと同じ属であるイギリス産のアンティクースゾウ（*Palaeoloxodon antiquus*）の特徴を取り入れ、肩甲骨の内側が高く、胴の中ほどに小さな高まりがある形に復元しました。

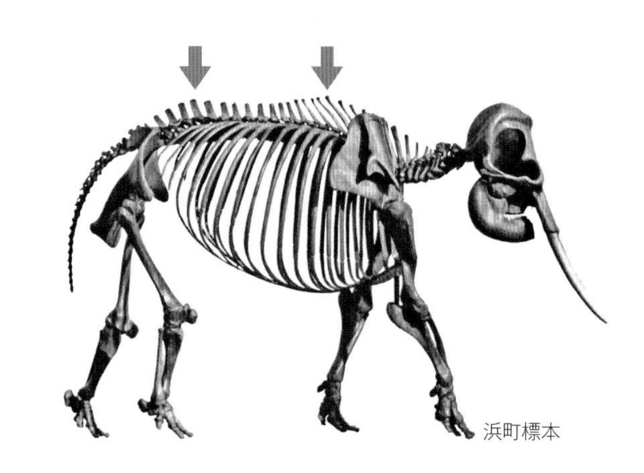
浜町標本

ところが、85 年に作られた 14 番目の標本からは体形に違いが見られます。なぜなのでしょう。

76 年、東京の地下鉄工事現場でナウマンゾウが発見されます。その標本が浜町標本（写真）です。保存状態が良く、背骨がほぼそろっていました。84 年に出来上がった復元骨格の背の形はアフリカゾウに似て、肩付近（肩甲骨のやや後ろ）と腰の 2 カ所に高まりがありました。それを見た亀井さんは、背のラインを手直しすることにしたのです。

研究者の間では現在、この修正された姿がナウマンゾウの体形だと考えられています。

（足寄動物化石博物館・澤村寛）

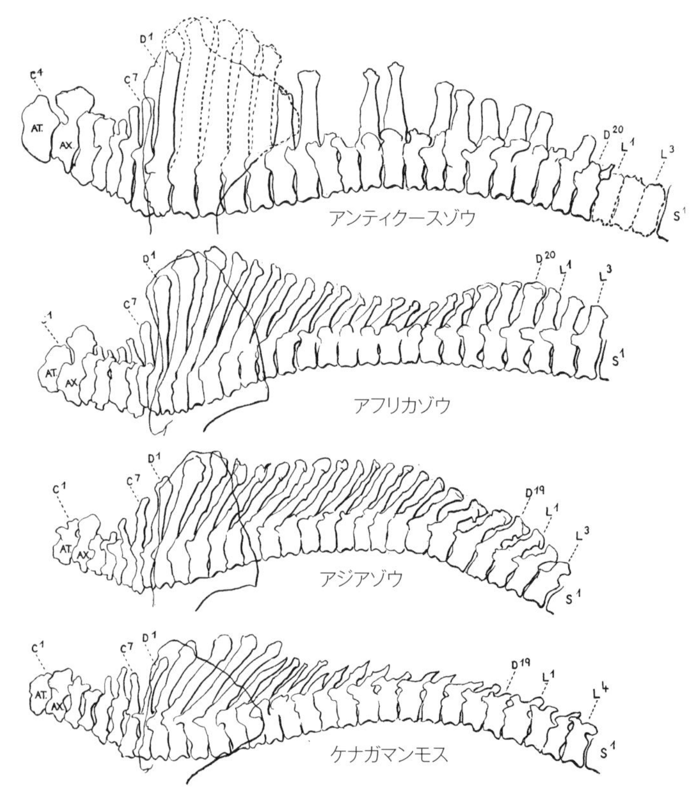

ゾウ類の背中の形の比較（H. F. Osborn: Proboscidea, 1936 の図を修正）

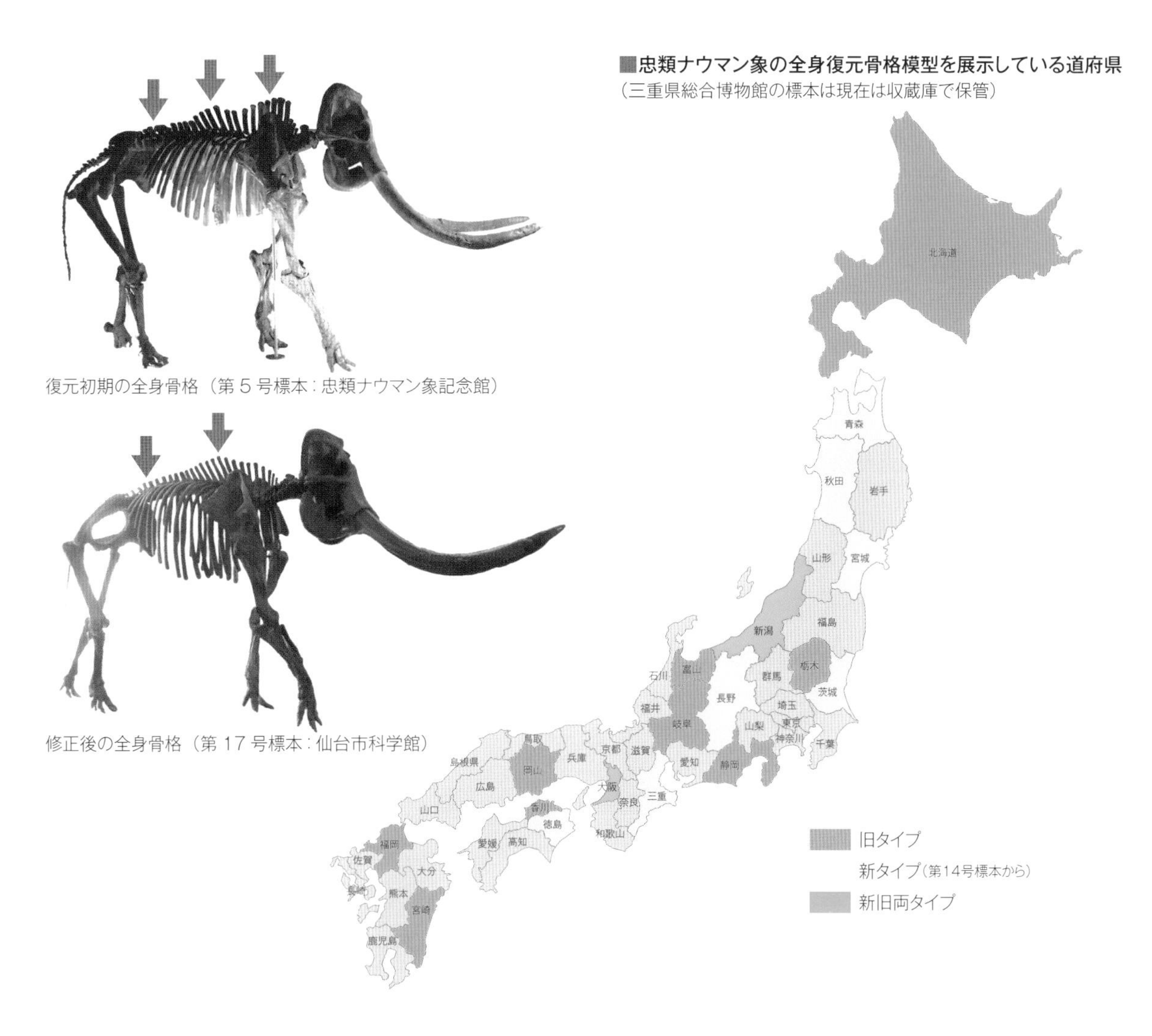


復元初期の全身骨格（第 5 号標本：忠類ナウマン象記念館）

修正後の全身骨格（第 17 号標本：仙台市科学館）

■忠類ナウマン象の全身復元骨格模型を展示している道府県
（三重県総合博物館の標本は現在は収蔵庫で保管）

## ■「忠類ナウマン象」全身復元骨格の収蔵・展示施設一覧

| 標本番号 | 所蔵施設名 | 標本公開年（旧名称、旧所蔵ほか） | 所在地 |
|---|---|---|---|
| 第1号 | 北海道博物館 | 1972年（旧名称：北海道開拓記念館） | 北海道札幌市 |
| 第2号 | 大阪市立自然史博物館 | 1973年 | 大阪府大阪市 |
| 第3号 | 高松市こども未来館 | 1975年（旧名称：高松市民文化センター） | 香川県高松市 |
| 第4号 | 浜松市博物館 | 1979年 | 静岡県浜松市 |
| 第5号 | 忠類ナウマン象記念館 | 1979年：忠類村コミュニティーセンター<br>1988年：忠類ナウマン象記念館 | 北海道幕別町 |
| 第6号 | 富山市科学博物館 | 1979年（旧名称：富山市科学文化センター） | 富山県富山市 |
| 第7号 | 新潟県立自然科学館 | 1980年 | 新潟県新潟市 |
| 第8号 | 北九州市立自然史・歴史博物館 | 1981年 | 福岡県北九州市 |
| 第9号 | 栃木県立博物館 | 1981年 | 栃木県宇都宮市 |
| 第10号 | 岐阜県博物館 | 1982年 | 岐阜県関市 |
| 第11号 | 倉敷市立自然史博物館 | 1983年 | 岡山県倉敷市 |
| 第12号 | 宮崎県総合博物館 | 1983年 | 宮崎県宮崎市 |
| 第13号 | クウェート教育科学博物館 | 1984年 | クウェート市 |
| 第14号 | 戸隠地質化石博物館 | 1985年：長野市立博物館茶臼山自然史館（2007年閉館）<br>2008年：戸隠地質化石博物館 | 長野県長野市 |
| 第15号 | 柏崎市立博物館 | 1985年 | 新潟県柏崎市 |
| 第16号 | 徳島県立博物館 | 1986年 | 徳島県徳島市 |
| 第17号 | 仙台市科学館 | 1991年 | 宮城県仙台市 |
| 第18号 | 常総市地域交流センター | 1992年（旧名称：石下町地域交流センター） | 茨城県常総市 |
| 第19号 | 東北町歴史民俗資料館 | 1993年（旧名称：上北町歴史民俗資料館） | 青森県東北町 |
| 第20号 | 仙台市科学館 | 1993年：斎藤報恩会自然史博物館（2015年閉館）<br>2015年：仙台市科学館　※同館は第17号標本も収蔵 | 宮城県仙台市 |
| 第21号 | きしわだ自然資料館 | 1994年 | 大阪府岸和田市 |
| 第22号 | 秋田県立博物館 | 2004年 | 秋田県秋田市 |
| 第23号 | 三重県総合博物館 | 2006年（旧名称：三重県立博物館） | 三重県津市 |

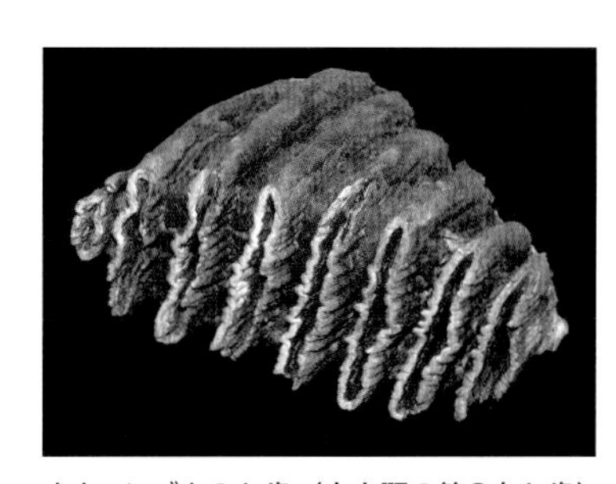

**ナウマンゾウの臼歯（右上顎の第2大臼歯）**
**年代：約3万5千年前、発見地：湧別町、**
**所蔵：湧別町教育委員会**

大きさは約 16cm。この標本と北広島市標本のナウマンゾウが生きていたころは今よりも寒冷でした。南から来たナウマンゾウが氷期の北海道の冬にも適応していたことを示す貴重な標本です。（撮影・添田雄二）

# 歴史的大発見！ 1969年の忠類ナウマン象発掘

1969 年 7 月、忠類村（現幕別町忠類）の農道工事現場で側溝を掘っていた作業員が、ツルハシの先に当たった塊を掘り上げました。それがナウマンゾウの臼歯だとわかったため、私が所属していた十勝団体研究会（地質研究グループ）が 8 月 15 ～ 17 日に緊急発掘を行いました。

作業員が掘り上げていた塊は 2 点ありました。上顎の左右の臼歯（写真 1）で、歯根の先端まで保存状態が良いものでした。ゾウ類は上顎と下顎に 2 個ずつ臼歯を持っていることから、下顎の臼歯や頭骨・切歯も見つかるのではと思い、側溝を掘った盛り土を発掘したところ、下顎の臼歯が2個見つかりました。

写真 1　右上顎第 3 大臼歯（左）と左上顎第 3 大臼歯

頭骨は工事の影響で無数の破片となった状態で見つかりましたが、側溝の道路側の縁に、切歯の断面らしきものが見えました。竹へらで慎重に掘ると、わん曲した切歯の一部が出現しはじめました。滑らかで赤銅色をしていた切歯の表面がみるみる間に黒色に変色したことを今でも鮮明に覚えています（写真 2）。空気に触れたために酸化が起こったのです。

写真 2　写真の左から右方向へ発掘を進めていくと、鉄分が付着して赤っぽかった牙が、酸化して黒く変わっていった

切歯は左右とも発見され（写真 3）、臼歯発見場所との位置関係から、体の骨は側溝の崖側の地層中にあると考えられました。緊急発掘は、お盆で工事が休みの間に行われていました。発掘終了の期限が近づく中、崖を掘ったところ、左の前足と後ろ足の骨が見つかり、残りの骨もこの奥にあるに違いないと考えて発掘を終えました。

化石は脆（もろ）くなっていたため、帯広柏葉高校へ運んで樹脂を塗って補強しました。冬の帯広は氷点下 20℃を下回ります。「歴史的大発見となった化石をどうにか保護しなくては」と緊張しながらの作業でした。

化石は無事にひと冬を越し、翌 70 年の本発掘で、さらに右の前足や後ろ足、腰の骨など体の主要部の骨が多数見つかりました。72 年には全身復元骨格模型の第1号標本が北海道開拓記念館（現北海道博物館）で公開されました。（木村）

写真 3　見つかった 2 本の牙

# それから半世紀、研究は続く……
# 忠類ナウマン象はこうして埋まった!

忠類ナウマン象の化石は「第3泥炭層」と名付けられた砂礫質の泥層から発見されました。右後ろ足の骨はそれぞれがつながった位置関係にあり、そのうちの脛骨(スネの骨)は地面に刺さるような状態で埋まっていました。これらから、沼地に足をとられて動けなくなり、その場で死んだと考えられていました。

しかし、2010年代に発掘当時の写真を詳しく分析した結果、脛骨は元の地形の急斜面上にあったために地面に刺さった状態になっていたことがわかりました(写真1、2)。さらに、地層の状態や珪藻(ガラス質の殻を持つ0.01ミリ程度の微細な藻類)化石を調べた結果、この場所は沼や池ではなく、洪水時に河川からあふれた泥水が砂礫とともに北から南へ流れ込んでいたと考えられました。このことは、化石が多数の砂れきとともに埋まっていたことや(写真3)、発掘当時の図面で確認できる木材化石の向きからも推定できます。

発掘現場周辺の約12万年前の地形は、発掘当時の地層断面図によって北から南にやや傾いていたことが推定され、河川沿いの高まりから続く斜面のような場所であったことが想像されます。一方で、骨化石は狭い範囲に集まっており、右の前足と後ろ足の各関節がそれぞれつながった位置関係にあったことや、右足の骨の保存状態が左足より良いことから、化石発見場所の近くで、右半身を下にして死んでいたと推定されました。

洪水であふれた水が北から流れ込んだとすると、白骨化が進んでいた左半身の骨が最初に運ばれたと思われます。頭を南に向けて図の位置に死体が横たわっていたとすれば、バラバラに見える左後足の各骨の位置は、流れに乗った結果と考えられます。その次に、右半身の足の骨が皮膚や腱でつながったまま南に流され、前足は反転して肩甲骨の背側が上を向き、腰の骨も回転して前後左右が逆になったのでしょう。

写真1　1970年の発掘調査の様子。元の地形は全体的に写真の右から左(北から南)に傾いていたことや、左側の茶色い上着の人の前では特に急斜面(段差)になっていたことがわかる

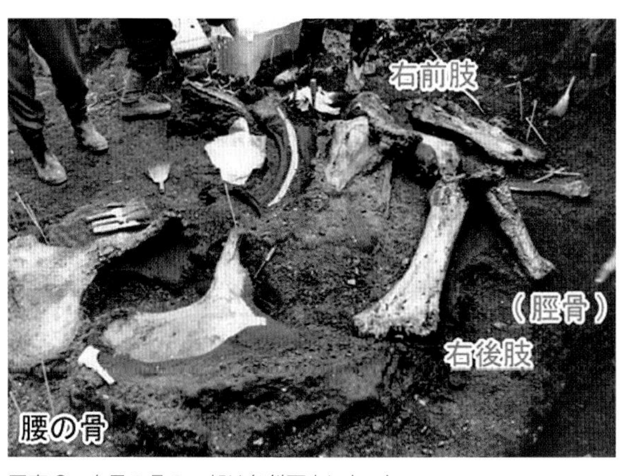


写真2　右足の骨の一部は急斜面上にあった

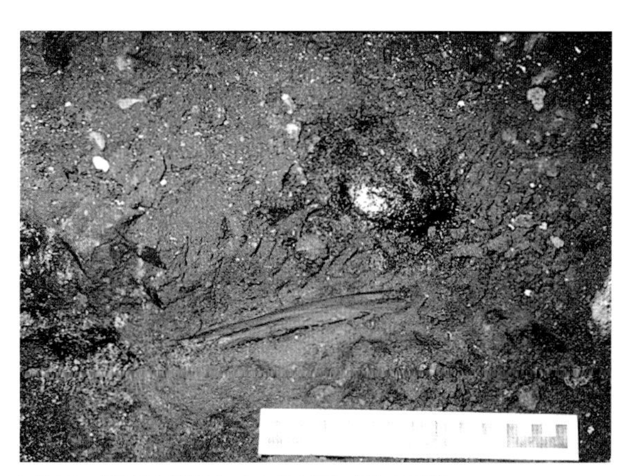

写真3　「第3泥炭層」中の骨化石と多数の砂礫

なお、化石があった地層の上下では近年、足跡化石とみられる大小さまざまな凹みが何層にもわたって発見され、それらの凹みの中に砂礫が堆積していました。つまり約12万年前、ここは川の近くで、動物たちがよく歩いていた場所でした。そして洪水が起こると足跡が砂礫で埋まり（時には動物の死体や骨も埋まり）、水が引くとまた動物たちがやってくる……それが何度も繰り返されていたようです。（添田）

参考文献
高橋啓一・出穂雅実・佐藤宏之編「北海道忠類ナウマンゾウ産出地点の再調査報告」（化石研究会会誌、特別号第4号）

■死体が横たわっていた位置と骨の移動経路の推定図
北海道開拓記念館（1971）、高橋（2010）を基図に作成

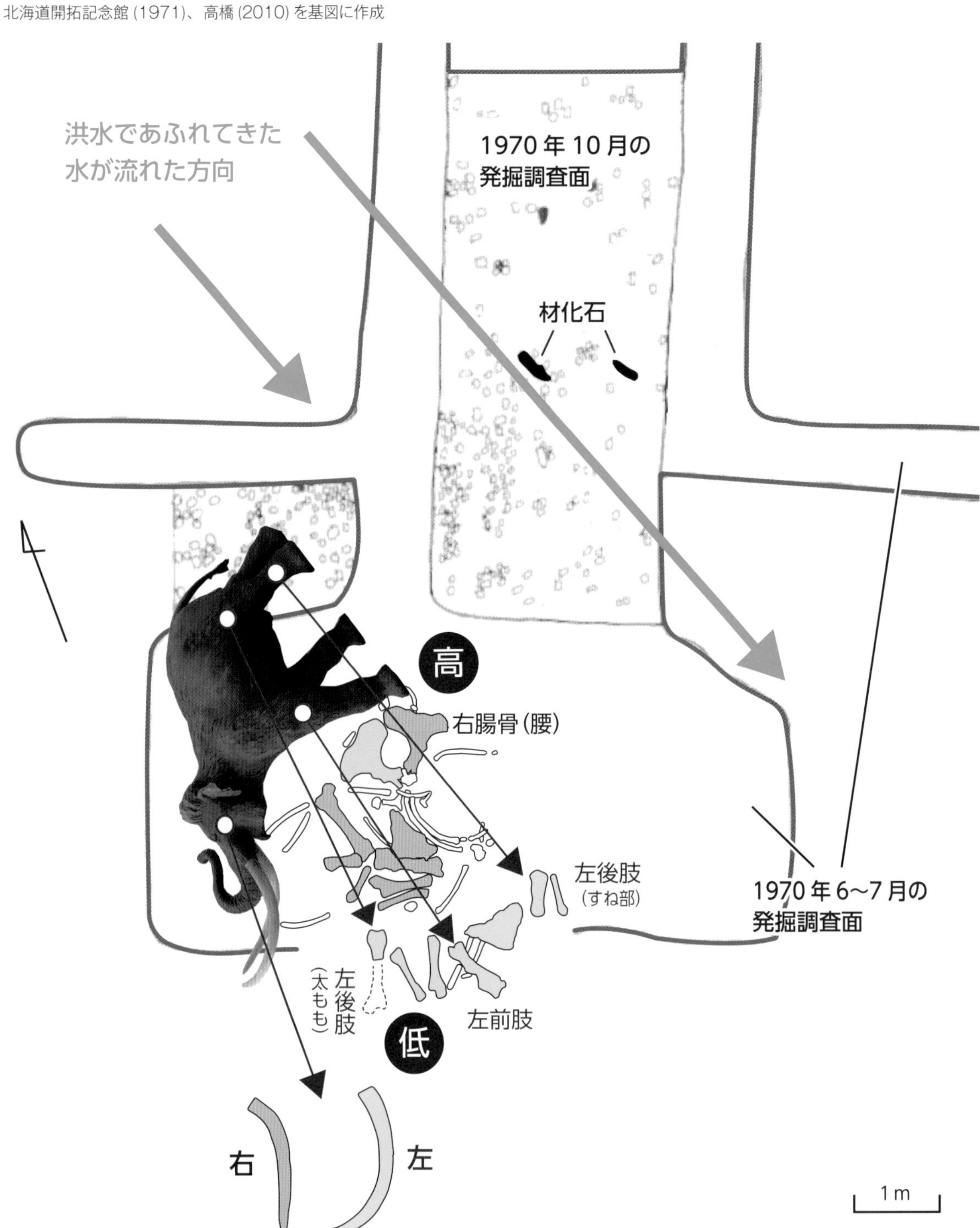

# ナウマンゾウ頭骨から見た雌雄の特徴

全国から見つかっているナウマンゾウ化石のなかで、成獣の頭骨は2標本しかありません。忠類ナウマン象の全身骨格の頭骨の原型である「猿山標本」と、頭骨を含めた全身骨格が組み立てられた「浜町標本」（東京）の二つです（図）。

どちらの標本も第3大臼歯がかなりすり減っているので、高齢の象だということがわかります。猿山標本はキバ（切歯）が太く（P141の写真参照）、キバを支える切歯骨は大きく、下が左右に開いています。切歯骨が突き上げるように拡大しているので、鼻孔は押しつぶされて台形に開いています。鼻孔は目（眼窩）より高く、鼻孔の上の額の平らな面は狭く、さらにその上方には、膨らみの強い「前頭頭頂隆起」が目立ちます。

対照的に浜町標本は、キバは短くて細く（P140写真）、切歯骨は小さく、上方への突き上げが弱いので、鼻孔は双葉型におおらかに開き、鼻孔と眼窩の位置はほぼ同じ高さにあります。額は広く、前頭頭頂隆起は丸身を帯びたゆるい膨らみが特徴です。

この違いはなぜ生まれたのでしょうか。

ゾウは、長い鼻とともに大きなキバが特徴です。ただアジアゾウのように、メスのキバが小さく、個体によっては先端が埋もれて唇から生えてこない種もあります。ナウマンゾウの場合はメスもキバが生えますが、「細くて短いため頭骨の変形が少ない」と1970年代～80年代の研究者たちは考えました。

ナウマンゾウのオスは体が大きく、キバは大きくわん曲しています。顔の高い位置から鼻が伸び出し、額の上の隆起は強く、いかつい顔つきです。メスは体がやや小さく、細くて短いキバを持ち、顔は丸身を帯びて優しい顔つきをしています。このように、古生物でオスとメスの形の違い（性的二型）がはっきりしているのは珍しい例です。（澤村）

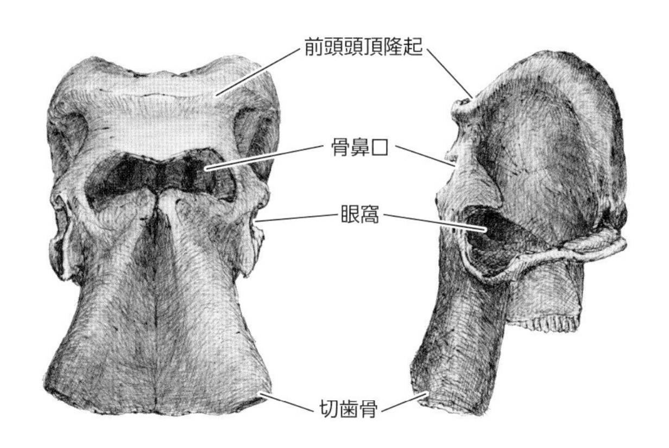


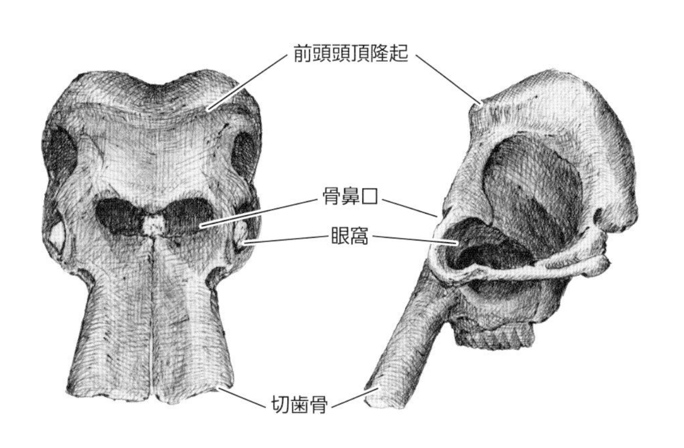


ナウマンゾウのオスとメスの頭蓋（上：オス＝猿山標本、下：メス＝浜町標本）。猿山標本の切歯骨は変形している

# 足跡化石発見!?

2007～08年に忠類ナウマン象化石発見地で地質調査を行った時、調査のために掘った深さ約2.5mの穴の壁面に、泥層の一部が凹んで砂礫がたまった構造が何層にもわたって見つかりました（写真1、2）。実は1970年の発掘時にも見つかっていて、「もしかすると足跡かもしれない」と調査が行われたのですが、この時は足跡化石であるということははっきり言えませんでした。

08年の調査で二つの凹みの砂礫を取り除いたところ、動物の蹄のような跡が確認されました（写真3、4）。石膏で型を取って調べたところ、ゾウ類と偶蹄類（シカや牛など偶数の蹄を持つ哺乳類）の足跡の可能性があることがわかりました。

19年からは幕別町教育委員会が中心となって調査を行い、忠類ナウマン象化石が発掘された地層のすぐ上やすぐ下の層（少なくとも三つの層）で大小さまざまな凹みが何十個も見つかっています。20年の調査では、深さ約20cmの凹みの中に長さ約15cm、直径約4cmの枝が斜めに立つような状態で砂礫とともに埋まっている様子も確認されました。動物たちが足跡をつけた後に洪水が起こり、砂礫とともに枝が運ばれ、足跡の中に入り込んだようです。

ナウマンゾウの他にオオツノジカの臼歯片も見つかっていますが、他の動物の足跡のように見える凹みもたくさんあり、動物の種類はわかっていません。今後の調査で明らかになることが期待されます。（添田）

写真1　2008年の調査風景

写真2　壁面で確認された凹み構造

写真3　偶蹄類と思われる足跡化石

写真4　ゾウ類と見られる足跡化石

# 地層からわかるゾウ時代の巨大噴火

北海道にナウマンゾウやケナガマンモスが生きていた時代に、巨大な噴火が何度も起こっていた——。そんなことを地層から読み取ることができます。

忠類ナウマン象が発見された場所の地層を観察すると、化石が発掘された位置から約4m上には、約10万6千年前に巨大噴火を起こした洞爺火山の火山灰が堆積しています。大量の軽石や火山灰の噴出で発生した火砕流は、蝦夷富士（羊蹄山）がまだ生まれていなかったため日本海近くまで流れ、噴火口は陥没して水をため、カルデラ湖（洞爺湖）が誕生しました。

その後、約4万9千年前にはクッタラ火山が、約4万6千年前には支笏火山が、それぞれ巨大噴火を起こしました。洞爺火山と同じように、火山灰が十勝地方より東にも到達し、陥没した火口はクッタラ湖と支笏湖になりました。このように、忠類ナウマン象発見地の崖やその周辺の地層には、ゾウたちが生きていた時代に起こった巨大噴火の火山灰が堆積しているのです。

これらの巨大噴火は、ゾウ類やその他の動植物の暮らしに大きな影響を与えたことでしょう。日高～十勝地方での支笏火山灰の厚さは、襟裳岬で60cm、忠類付近の平地で50cm、帯広付近で30cmもあり、火山灰の砂漠のようになったことが想像されます。しかし今のところ、地層中の火山灰のすぐ上やすぐ下から直接掘り出された動物化石が一つもないため、巨大噴火による具体的な影響を知ることはできません。

噴火が起こって火山灰が厚く積もると一時的にそこから避難し、植生が回復すると戻ってくる——。今後、それを裏付けるような化石が発見されれば、当時の動物たちの移動の様子がわかってくるかもしれません。

（木村）

■洞爺火砕流の分布図と支笏火山灰の分布と厚さ

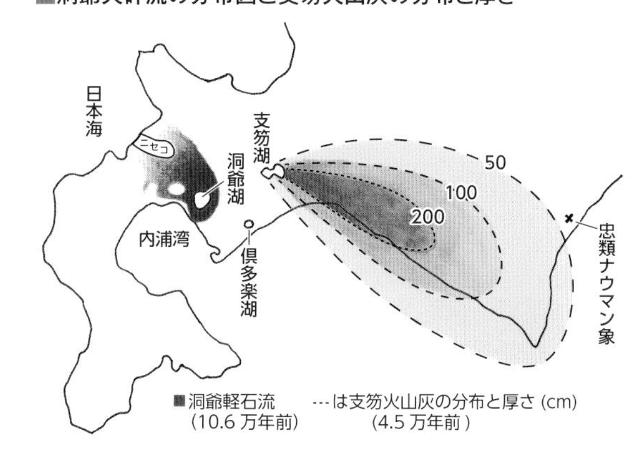


■忠類ナウマン象発掘現場の地層

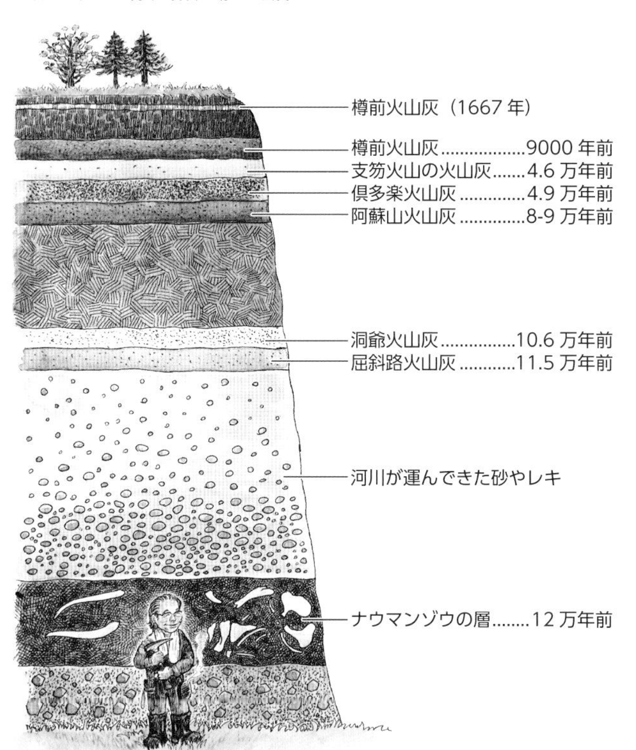

# シノメガケロス・ヤベイ

*Sinomegaceros yabei*

**解説** 幕別町教育委員会
**添田雄二**（学芸員）

## ヤベオオツノジカ

発見地：十勝管内幕別町（旧忠類村）
　　　　および空知管内由仁町
時　代：後期更新世（約12万～5万年前）
体　長：約2.5m

ヤベオオツノジカは、日本で出現したシカ類では最大級で、前後に枝分かれした角は掌状（手のひらの形）に広がるのが特徴です。主に本州以南で化石が発見されていますが、北海道でも1970年に忠類村で臼歯片が、90年に由仁町でツノの一部がそれぞれ発見されています。

忠類標本の年代は約12万年前で、現在とほぼ同じ環境の温暖期（間氷期）にあたり、忠類ナウマン象と一緒に発見されました。由仁標本の年代は約5万年前で、今より寒冷な時代にあたり、同じ地層からケナガマンモスの臼歯が発見されています。このことから、ヤベオオツノジカは、温暖な時代にナウマンゾウとともに本州から渡来し、その数万年後に訪れた寒冷期にも適応していたことがうかがえます。

# バイソン

*Bison* sp.

## バイソン

発見地：渡島管内八雲町、北広島市
時　代：中期～後期更新世
体　長：約3m

牛の仲間であるバイソンは、北海道では八雲町から約２万年前の角化石が発見されています。岩手県で発見された約2万～2万3000年前の化石は、大陸でケナガマンモスとともに発見されるステップバイソン（*Bison priscus*）と同種と考えられており、氷期に陸化した間宮および宗谷海峡を通って北海道経由で南下したと推定されることから、八雲標本も、同じ種の可能性があります。

北海道にヒトが住みはじめたのは約3万年前とされているので、狩りの対象となっていたことでしょう。他にも北広島市から角や頭骨片が、日高管内浦河町から椎骨がそれぞれ発見されています。（添田）

浩而魅諭の

# ホンキのコラム…❸

## ザ★復元

### 復元って？

復元とは、私たち人類や動植物など今を生きる生物のことをより深く理解する手助けとなるものだと私は考えています。例えば、みなさんがよく知っているクジラの鼻の穴はこんな位置にありますね。

では次の絵を見てください。これはクジラの祖先です。鼻の穴はこんな位置にあります。

化石から事実を一つずつ読み取り、復元することによって、吻先（目より前に突き出した部分）にあった鼻の穴は、進化を経て少しずつ頭の上へ移動していったことが分かります。それは泳ぎながら水面で呼吸するのに有利だからです。こうしてクジラたちは陸上から水中へと生活の場を移していったのだなあと分かるのです。

地球上には、砂漠や海、湿地、暑い地方や雪で覆われる地方などさまざまな環境があります。生き物たちはそれぞれの環境に適応し、特殊化して生きています。あらゆる生き物どうしが、その違いを生かし合い、時には食ったり食われたり、寄生したり寄生されたりと、互いに間接的または直接的につながり合って生きています。地球が誕生してから、生物は数え切れないほどの進化を重ねて、絶滅したり新たな種が生まれたりして今の生態系を編み上げてきました。

復元は、単に今いない生き物の姿を絵や立体で表現するだけではなく、過去に地球で何が起こったのか、生物たちはどう変わっていったのかを分かりやすく伝える役割があります。それによって、今を生きるあなたや私たちのことをより深く知ることができるのだと私は思っています。

絶滅した生き物たちが生きていた時にどのような姿をしていたのか、どのように動いてどのような暮らしをしていたのか、化石などを手がかりに正確に蘇らせた絵を復元画といいます。この本に載っている復元画はすべて私が描き上げました。

復元画レシピ

## 古生物の絵を描いてみよう!

**★下ごしらえ**　生まれてから毎日欠かさない自然観察
（生物多様性の観点・動植物全般にわたる知識）

**★材料**
**A** 研究者との話し合い
**B** 美術の知識と技術（構図、色彩、タッチなど）
**C** デッサン力
**D** 論文を読む
**E** 化石の観察
**F** 現生の近縁の生き物の観察
**G** その生き物と一緒に出てきた化石（当時の環境）
**H** 豊かな発想力と想像力、そして創造力

**★作り方**
**1** 下ごしらえを済ませておく。
**2** Aを進めつつ、自分でもD、E、F、Gを準備万端にしておく。
**3** Aを繰り返し、BとCをフル活用して”ラフ”を作る。その際、存分にHを発揮するのがコツ。
**4** 出来上がったラフを元に原画制作に取りかかる。己の画風を貫きつつも、あくまでAを大切に。
**5** 仕上がったら研究者に見てもらう。OKが出れば出来上がり！

## 昭和特撮世代の巻②

## ユージソエダの勘違い

## さらば青春

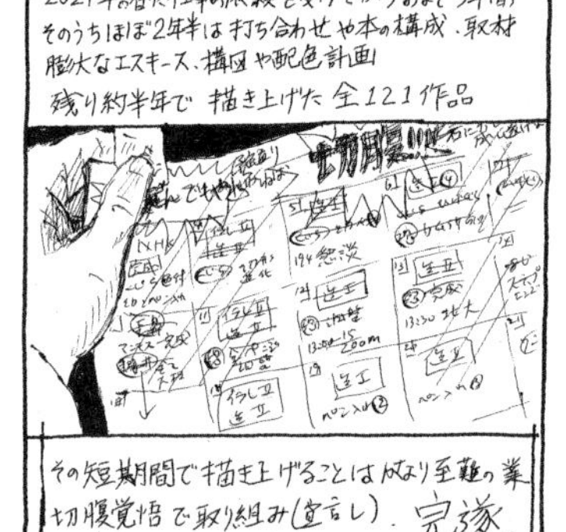

Special Thanks!!

いつも一番最初に絵を見て客観的かつ的確な意見をくれる優愛&194 ★ 自由を駆ける翼GDB&SJ5&TT2我が宝よ★ 点検整備にとどまらずあらゆる相談に応じてくださるスバル安田さん★ ヤベオオツノジカの環境再現の為の質問に答えてくださった道博の堀さん★ 白亜紀及び新生代の環境についてご助言くださった道博の成田さん★ 沼田町教育委員会の皆様★ ナウマン象発掘調査でお世話になった幕別町教育委員会の皆様★ 野尻湖ナウマン象博物館の近藤さん★ 滋賀県足跡化石研究会の岡村さん★ カーメンテの相談に応じてくださるSTEP ENGINEERINGの水田さん★ NHK札幌放送局の皆様★ 夕張のノドサウルス及び羽幌のワニでお世話になった北大理学院の大薮君★ この本の本編、中でも特に「The・復元」に於て内容をご確認、並びにご助言くださった 古脊椎動物研究の専門家の犬塚則久さん★ 金野はり灸整骨院の金野院長★ ピッピ、ほしか&シュンジュナ……

# 化石ワールド北海道へ出かけよう！

北海道内で古生物の化石や標本が見られる博物館などの施設を紹介します。
協力／北海道恐竜・化石ネットワーク研究会

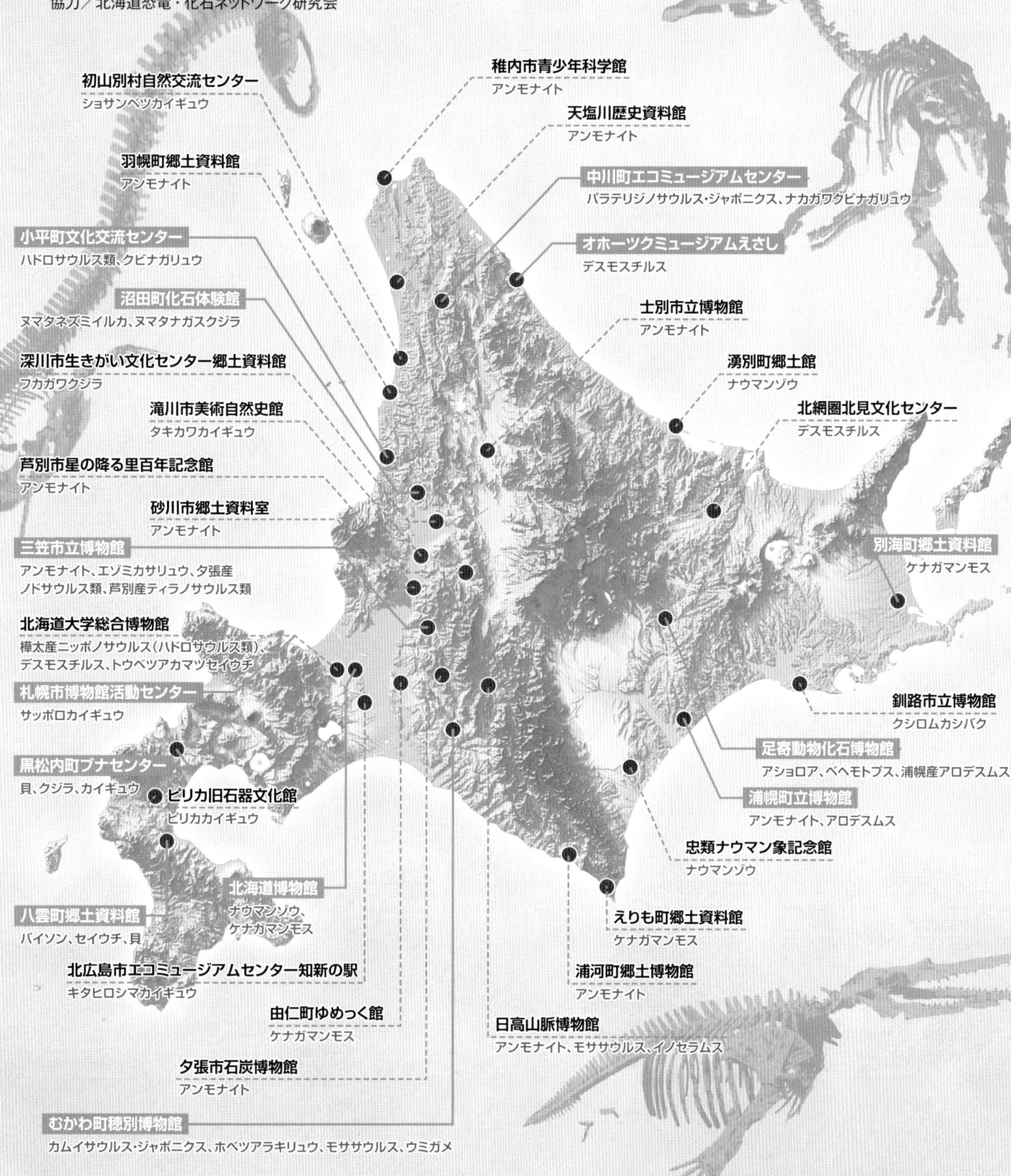


## 北海道恐竜・化石ネットワーク研究会……

北海道と関係市町村が連携し、道内で発掘される古生物の化石についての情報発信やイベントなどを行う。2024年3月現在の会員施設は13（地図の 施設名 印）

**ナビはQRコードから**

ご利用にはGoogle マップアプリが必要です。スマートフォンなど端末の設定によってはご利用いただけない場合があります。
（デジタルマップ制作＝北海道）

## 北海道大学総合博物館

### これを見て！

日本の恐竜研究の始まり、「ニッポノサウルス」の全身骨格は必見。北米の恐竜パラサウロロフスの全身骨格、モンゴルの恐竜タルボサウルスの頭骨が展示されています。恐竜だけでなく、デスモスチルスやマチカネワニの全身骨格、マンモスの原寸大生態復元模型も「距離感ゼロ」で見ることができます。その他の化石もたくさん展示されています。

### ここもオススメ！

当館の良さは「札幌駅から歩いて15分」という立地です。無料で観覧できて、化石以外の展示も充実しています。北海道大学進学に興味のある皆さんも、大学の研究や教育活動について情報がゲットできます。カフェやショップでは、北大生が企画したオリジナルグッズも充実し、おいしいご飯やアイスクリームも楽しめます。

### 学芸員あるある

当館の特徴は大学の博物館であるということです。北大の院生や学生たちは、研究だけでなく、博物館を通して展示作成や解説をし、イベントを通じてコミュニケーション能力をアップさせています。博物館は堅苦しいと感じる人もいるかもしれませんが、小さい子からお年寄りまで多くを学べる楽しい場所です。

（小林快次＝本書「恐竜類」他執筆）

札幌市北区北10条西8丁目
☎ 011-706-2658
**料金** 無料
**時間** 10〜17時
**休館** 月曜（祝日の場合は開館し、週明けの平日を休館）、12/28〜1/4

## むかわ町穂別博物館

### これを見て！

①恐竜カムイサウルス（むかわ竜）の全身復元骨格（レプリカ、全長8m）。日本最大の全身恐竜化石として知られている②首長竜ホベツアラキリュウ全身復元骨格（レプリカ、全長8m）。穂別博物館設立の基となった化石③世界で初めて夜行性と推測されたモササウルス「フォスフォロサウルス」（全長3m）。発見者に似て、目が大きくてかわいいと噂される。

### ここもオススメ！

同じむかわ町内（穂別からは40キロ）にある道の駅「四季の館」。温泉だけでなくトレーニング室とプールも併設されているので、化石採集に必要な筋力や持久力の向上に必須。

### 学芸員あるある

化石は重いので、持ち帰るのが大変。また、収蔵庫のスペースにも限りがあるので、整理するのが大変。調査や研究成果などを展示で表現できるのが博物館のいいところ。10年以上前にデザインしたイノセラムス科二枚貝のキャラクター「いのせらたん」や、採集したモササウルスなどが常設展に展示されていることなどがやりがい。（西村智弘）

むかわ町穂別80番地6
☎ 0145-45-3141
**料金** 300円、子ども100円
**時間** 9時30分〜17時（最終入館16時30分）
**休館** 月曜、祝日の翌日,12月31日〜1月5日

## 三笠市立博物館

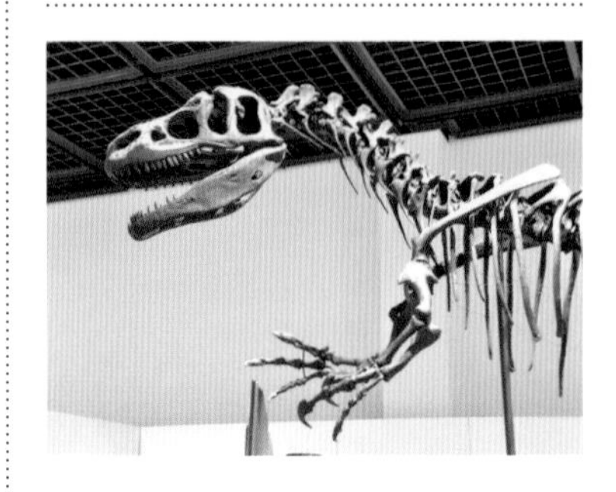

### これを見て！

化石展示室の入口正面にあるのは日本最大級のアンモナイト化石で、直径は約1.3mもあります。当館に展示されているエゾミカサリュウはモササウルスの仲間で、国指定天然記念物に指定されています。アロサウルス全身骨格（レプリカ）は北米で発見された全長約10mの大型肉食恐竜です。

### ここもオススメ！

三笠市は北海道鉄道発祥の地であり、三笠鉄道記念館では鉄道車両などが保管・展示されています。三笠高校は、北海道唯一の食物調理科単科校で、その料理を味わえる高校生レストランと、併設された文化芸術振興促進施設「シエル」があります。三笠市立博物館・鉄道記念館・シエルで利用できる共通券も販売中。

### 学芸員あるある

化石は数や大きさによっては相当な重さになります。地質調査の時は車が入れない山奥の道を化石を担いで数キロも歩かなければいけません。館内には数千個のアンモナイト化石があり、1個で数十キロもあるものは3〜4人がかりで動かします。しかも年々化石の数が増えており、収蔵する場所の確保も課題です。
（唐沢與希）

三笠市幾春別錦町1丁目212-1
☎ 0126-76-7545
**料金** 450円、小・中学生150円、小学生未満無料
**時間** 9〜17時（最終入館16時30分）
**休館** 月曜（祝日の場合は開館）、年末年始

## 中川町エコミュージアムセンター

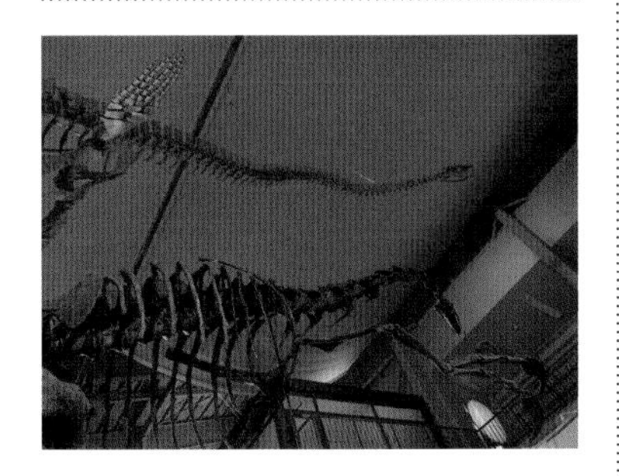

### これを見て！

日本最大11mのナカガワクビナガリュウとテリジノサウルス科ノスロニクスの全身復元骨格が展示されています。テリジノサウルス科の新属新種パラリテリジノサウルス・ジャポニクスのツメ化石、ウロコで覆われた紡錘形の体が立体的に保存された新種の海水魚ナカガワニシン化石、そして生きている時と同じ殻の成分を保存した虹色のアンモナイトたちが見られます。

### ここもオススメ！

町内にある「味道家 鰭龍(きりゅう)」(18時～)は創作中華のお店で、店名はクビナガリュウが鰭龍類に分類されることに由来しています。壁面には流木で作られたクビナガリュウ骨格があります。ギョウジャニンニク入り自家製醤油ダレを使った醤油ラーメンをはじめ、イタリアン麻婆など店主のこだわりが込められた料理を味わえます。

### 学芸員あるある

子どもたちや愛好家とフィールドで発見の喜びを分かち合うのが楽しい。中川町での新発見は化石の好きな人々の功績です。発見の喜びで沸き立つ子どもたちを想いながら「次世代のフィールドサイエンティストは君たちだ!」と盃を重ねるのが一番の喜びです。
(疋田吉識)

中川町字安川28-9
☎ 01656-8-5133
**料金** 高校生以上200円、中学生以下無料
**時間** 9時30分～16時30分
**休館** 月曜(祝日の場合は翌日)、11～4月の土日祝、12月29日～1月7日

## 小平町文化交流センター

### これを見て！

①エラスモサウルス類骨格模型。1987年に札幌の服部義幸氏によって発見、翌年発掘された。白亜紀後期(サントニアン:約8500万年前)の上部蝦夷層群から発掘され、頭骨・椎骨・肋骨・肩帯・腰帯・四肢骨など380点に及ぶ。国内で発掘されたものの中でも保存状態が良いとされ、それをもとに全身骨格模型が制作された②ハドロサウルス類化石(レプリカ)。横浜国立大学の長谷川善和教授(当時)によりハドロサウルス類の骨盤・大腿骨と確認され、「道内初、恐竜の化石確認」と91年11月13日の北海道新聞で報道された。発掘した旭川の浜本明氏は、その20年ほど前に発見したと証言している。

### ここもオススメ！

①ゆったりかん。大浴場と夕日の見えるレストラン②おびまる広場。ゆったりかん前の芝生広場。ハドロサウル類の模型がそびえる③重要文化財旧花田家番屋。最大規模の鰊番屋として知られる国の重要文化財。

### 学芸員あるある

当館には学芸員はおりません。

小平町字小平町356-2
☎ 0164-56-9500
**料金** 無料
**時間** 9～22時(土日祝は18時まで)
**休館** 年末年始

## 釧路市立博物館

### これを見て！

釧路地方からは恐竜の化石は見つかっていませんが、同じ時代に生きていたアンモナイトの化石は浜中町などから産出します。またクシロムカシバクの化石は世界でもここでしか見つかっていない貴重なものです。石狩炭田に次ぐ道内2番目の規模を持つ釧路炭田では現在も採掘が行われており、その石炭も展示しています。

### ここもオススメ！

科学館+児童館である「釧路市こども遊学館」では、宇宙や生命・光や水のふしぎに迫る体験型展示で楽しく学べます。プラネタリウム「スターエッグ」には2020年に最先端デジタル投影機が導入され、美しい星空と全天周映像を楽しめます。国内最大級の屋内砂場もあり、冬でも砂遊びができますよ。

### 学芸員あるある

釧路市立博物館には地質、植物、昆虫、両生類・魚類、鳥類・哺乳類、考古、アイヌ文化、近代史、産業史の学芸員がいて、全員が同じ部屋で研究をしています。みなさんの「?」を「!」に、分野の枠を超え、一つのテーマをさまざまなアプローチから考えることができることは、大学の研究室とはまた違う良さだと思います。
(石川孝織)

釧路市春湖台1-7
☎ 0154-41-5809
**料金** 480円、高校生250円、小中学生110円
**時間** 9時30分～17時
**休館** 月曜(祝日の場合は翌平日=4月～11月3日のみ)、11月4日～3月の祝日、年末年始

## オホーツクミュージアムえさし

### これを見て！

展示室の天井から吊り下がっているシャチの全身骨格標本は、全長およそ7メートルあり、大迫力です。目梨泊遺跡から出土した金銅装直刀は、刀装具や鞘が金色であったと考えられています。どこから来て誰が持っていたのか、まだまだ謎多き刀です。枝幸地方では砂金がとれ、かつてゴールドラッシュが起こりました。砂金掘りたちが使用していたアサリカッチャは、枝幸の名産品のひとつになるほどでした。

### ここもオススメ！

町の北端にある神威岬は浜頓別町との境になっていて、アイヌ語で「カムイ・エトゥ」（神の鼻）と呼ばれるアイヌ文化の聖地です。周囲には、オホーツク文化最大の集落遺跡であり交易拠点でもあった目梨泊遺跡があります。また神威岬先端部は多種多様な海浜性・高山性植物が分布する希少な植生環境が保たれています。

### 学芸員あるある

学芸員として働いていると、自分では考えつかない方向からの質問を受けることがあります。答えに困ることもありますが、なるほどそういう見方もあるのか、と新しい発見があり、学芸員として働いていて楽しいことのひとつです。（立石淑恵）

枝幸町三笠町1614-1
☎ 0163-62-1231
**料金** 無料
**時間** 9～17時
**休館** 月曜、最終週の火曜、年末年始

## 北網圏北見文化センター

### これを見て！

常設展示室で最初に皆さんをお出迎えするのが、デスモスチルスの全身骨格模型と北見市で発見された臼歯化石です。最近では2022年に無加川左岸の相内層で臼歯化石が出土しており、展示ではこれまで市内で見つかった4点全ての臼歯化石をご覧いただけます。また、留辺蘂小松沢層から切り出されたものの中では最大サイズの植物化石ブロックの展示のほか、津別層から出土し、2020年に新種として発表された二枚貝、ツベツスミゾメソデガイの化石も収蔵しています。

### ここもオススメ！

北見駅から徒歩10分、北見ハッカの歴史を学べる北見ハッカ記念館があります。隣接する薄荷蒸溜館では、薄荷の蒸溜実演やハンドクリーム作り体験などが楽しめます。また、北見駅から徒歩15分のピアソン記念館は、北海道遺産に選定された日本最北のW.M.ヴォーリズ設計の歴史的建造物です。

### 学芸員あるある

専門は考古学で、実は化石の専門家ではありません。地域での発見や調査・研究で得られた知見を一つでも多く地域の皆さんに紹介できるよう、専門分野を越えた幅広い知識の習得に努めています。学びに終わりはありません。（市川岳朗）

北見市公園町1番地　☎ 0157-23-6700
**料金** 大人660円、高校生・大学生390円、中学生以下・70歳以上の方無料　※団体10名以上割引あり、プラネタリウム観覧料金は別途
**時間** 9時30分～16時30分
**休館** 月曜・祝日の翌日（土日を除く）・年末年始

## 足寄動物化石博物館

### これを見て！

アショロアなどの束柱類のコレクション。全身骨格を9体展示しているのは世界中の博物館でここだけ（のはず）！クジラの展示は陸を歩いていた時代からいま泳いでいるクジラまで大迫力です。足寄のクジラ化石は、いまのクジラがどのように進化したのかを解き明かすカギに。ホッカイドルニスやアロデスムスは、こんな不思議な動物が昔の北海道にいた驚きを教えてくれます。

### ここもオススメ！

どの季節にも美しい姿を見せてくれる神秘の湖オンネトー。雌阿寒岳とのコントラストがお気に入りです。雌阿寒登山と温泉も定番。芽登温泉は秘境感たっぷり。コロボックル気分を味わえるラワンブキ。チーズ工房探訪もおすすめ。情報収集は松山千春ギャラリーもある道の駅あしょろ銀河ホール21で。

### 学芸員あるある

生き物と海と大地が長い時間をかけて変化していく。化石・骨・石を調べることでその変化の様子がわかります。動物たちはどこで生まれ、どう変化し、どうやって北海道にたどり着いたのか、どうしていなくなったのか。そんな謎を来館者と一緒に楽しんでいます。（安藤達郎＝本書「鳥類」執筆）

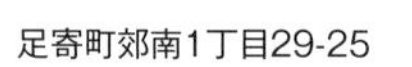

足寄町郊南1丁目29-25
☎ 0156-25-9100
**料金** 400円、子ども200円
**時間** 9時30分～16時30分
**休館** 火曜（祝日の場合は翌日）、12月28日～1月4日

## 沼田町化石館

### これを見て！

①世界で最も多くの種類を見られる「ヌマタネズミイルカ」コーナー。発掘の様子や生態のほか、日本で発見されたほぼ全てのネズミイルカ科化石を展示②「タカハシホタテ」コーナー。世界各地のタカハシホタテが見られる。稚貝から成貝になるまでの成長の様子も。化石の制作は当館スタッフが発掘からレプリカ制作までの全工程を手掛けています。町民とともに工夫して作り上げた標本は一見の価値あり！

### ここもオススメ！

化石体験館が位置する幌新地区は「ほたるの里」とも呼ばれています。7月ごろには博物館向かいの「ほろしん温泉」で一面にホタルの光が瞬きます。

### 学芸員あるある

「こちらの展示を見て化石に興味を持ちました」と、他館の様子も教えてくださるリピーターの方とお話ししていると、当館がきっかけづくりをできたと感じ、大きな達成感と喜びを感じます。（長野あかね＝本書「奇蹄類」執筆）

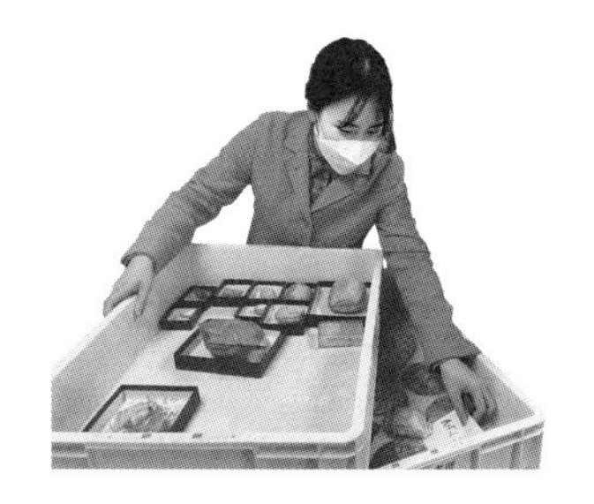

沼田町幌新381
☎ 0164-35-1029
**料金** 500円、子ども300円
**時間** 9時30分～16時（最終入館15時30分）
**休館** 月曜、祝日の翌日、12月31日～1月5日

## 深川市生きがい文化センター 郷土資料館

### これを見て！

郷土資料館に入るとすぐに、多度志川の川床から発見されたフカガワクジラの化石と6.3mの骨格標本がお出迎え！　その奥にはタカハシホタテやスナモグリの仲間の化石も展示されています。また、国指定史跡の音江環状列石から出土した漆塗りの弓やヒスイ玉などの装飾品、黒曜石の鏃も必見！　ヒスイや黒曜石は地元では採れない素材なので、どのようにやってきたのか探求心をくすぐられます。

### ここもオススメ！

音江環状列石はぜひ見学していただきたいです。環状列石がたくさん集まっている様子は見応えがあり神秘的です。また、「アグリ工房まあぶ」のレストランで地元産食材を使った料理を楽しんでから温泉でのんびり過ごしたり、道の駅「ライスランドふかがわ」で地元の新鮮な農畜産物を堪能するのもおすすめです。

### 学芸員あるある

「説明文だけだと『ふーん』って感じだけど、解説を聞くと展示に関わるストーリーが分かって面白い!」と言ってもらえた時に学芸員の醍醐味を感じます。最近はツアーで市内の文化財に立ち寄っていただくことが増え、市外のリピーターさんもできてとてもうれしいです。（百々千鶴）

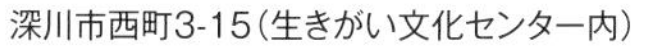

深川市西町3-15（生きがい文化センター内）
☎ 0164-22-3555
**料金** 無料
**時間** 9～17時
**休館** 月曜（休日の場合は翌日）、年末年始

## 札幌市博物館活動センター

### これを見て！

札幌市内で初めての大型動物化石の発見となった約820万年前のサッポロカイギュウ、その後に発見され現在研究中の約900万年前のクジラ化石の一部が一度に見学できます。1億3千万年前からの札幌の自然の成り立ちが分かるプロジェクションマッピングも必見！

### ここもオススメ！

天神山緑地や月寒公園、西岡公園は、散歩をしたり遊具で遊んだり、身近な自然を楽しめます。各公園・緑地でイベントも開催しています。

### 学芸員あるある

初めての来館者もリピーターの方々も「楽しかったね～」と言って帰っていく後ろ姿に、スタッフ一同笑顔になります。ネット上では「アットホームな雰囲気」「手作り感にあふれてる」というコメントをいただいたことも。その雰囲気のままに、自然や生き物についての来館者との対話を大切にしています。（山崎真実）

札幌市豊平区平岸5条15丁目1-6
☎ 011-374-5002
**料金** 無料
**時間** 10～17時
**休館** 日、月曜、祝日、12月29日～1月3日

## 滝川市美術自然史館

### これを見て！

①タキカワカイギュウ。滝川市内を流れる空知川の河床から1980年に化石が発見されました。調査の結果、今から500万年前の滝川が海だったころに生息していた新種のカイギュウであることが明らかになり、84年に化石としては初めて北海道天然記念物に指定されました②ティラノサウルス。子どもたちに大人気。2024年現在、北海道でティラノサウルスの骨格標本が常設展示されているのは当館だけです③ヨルダニカイギュウ。米国から化石の原標本を借り受け、滝川市でレプリカを2体作製。1体は当館に展示し、1体は米国に原標本とともに返却しました。

### ここもオススメ！

滝川は「味付けジンギスカン発祥の地」といわれ、有名な「松尾ジンギスカン」の本店があります。当館の近くですから、ぜひ本場の味をお楽しみください。

### 学芸員あるある

タキカワカイギュウが見つかった空知川に年に2〜3回、化石採集に行きます。タカハシホタテをはじめとする貝化石などが発掘でき、クジラの化石を発見した小学生も。見つけた時の子どもたちの笑顔を見ると、この仕事をやっていて良かったなと思います。（永井芳仁）

滝川市新町2丁目5-30
☎ 0125-23-0502
**料金** 630円、高校生380円、中学生250円、小学生120円、幼児無料
**時間** 10〜17時（最終入館16時30分）
**休館** 月曜、祝日の翌日、12月1日〜2月末日

## 北広島市エコミュージアムセンター 知新の駅

### これを見て！

北広島の自然や歴史を紹介する総合博物館の機能を持つ施設です。なかでも北広島の子どもたちと制作した実物大のマンモスの親子や、キタヒロシマカイギュウの骨格標本、ヒゲクジラの仲間の骨格標本は見どころです。

### ここもオススメ！

北広島ではさまざまな場所から多くの化石が発見されています。哺乳動物化石が発見された場所には（きたひろサンパークの管理棟）解説パネルを設置して、これらの動物がいた時代に思いをめぐらせることができます。2023年に開業した「北海道ボールパークFビレッジ」もオススメです。

### 学芸員あるある

北広島では哺乳動物化石や貝化石など多くの化石が発見されていますが、あまりよく知られていません。多くの方に知ってもらうために、北広島の子どもたちと化石を復元し、企画展などを通して紹介しています。「初めて知った」「よくわかった」「また来たい」などの声が聞かれるとてもうれしく、やりがいを感じます。（畠誠）

北広島市広葉町3丁目1番地
☎ 011-373-0188
**料金** 無料
**時間** 9〜17時
**休館** 月曜（祝日の場合は直後の平日）、12月29日〜1月3日

## 浦幌町立博物館

### これを見て！

「最後のアンモナイト」と呼ばれる異常巻きアンモナイトや、浦幌でみつかった新種のアロデスムス「ウライポレンシス」、東アジアで唯一浦幌で見られる6600万年前の隕石衝突の地層「K/Pg境界」のはぎとり標本があります。

### ここもオススメ！

浦幌神社境内には、おっぱいの神様とされる「乳神神社」や「乳石」がまつられており、安産や婦人病にご利益があると信仰を集めています。またバイク乗りの神社としても知られています。

### 学芸員あるある

自分の専門分野に限らず、地域に関することは何でも取り上げます。そこが大変なところでもあり、面白いところでもあります。モノとヒトをつなぐ仕事なので、常にいろいろな人々や新しい知識との出会いがあるのが面白いですね。（持田誠）

浦幌町字桜町16-1
☎ 015-576-2009
**料金** 無料
**時間** 10〜18時
**休館** 月曜（祝日の場合は翌日）、祝日（土日を除く）、資料整理日（毎月最後の平日）、年末年始

## 北海道博物館

### これを見て！

第四紀の地質・化石資料を中心に展示。特にナウマンゾウやケナガマンモス（マンモスゾウ）の復元全身骨格標本は目玉の資料です。頭骨や牙の形に違いがあるので、ぜひ注目してください！　この他、ステラーダイカイギュウやクジラの肋骨化石に触れて、質感や重さを体感することができます。

### ここもオススメ！

野幌森林公園内にあるため、周囲でミズナラやカエデなどを原生林に近い状態で観察できます。「野幌森林公園自然ふれあい交流館」を拠点に散策するのがおすすめ。公園内には野外博物館「北海道開拓の村」もあり、道内各地から移築・復元された明治から昭和初期の歴史的建造物の迫力を感じられます！

### 学芸員あるある

当館では、さまざまな化石資料などを集めた展示会を開催しています。展示会は、学芸員が資料の調査研究を行い、その魅力が一番よく伝わる方法を考え、長い時間をかけて準備します。いよいよ展示会がオープンし、楽しんで観覧される方々の様子を見たときが何よりうれしい瞬間です。学芸員が想いを込めた展示会をぜひご覧ください。（久保見幸）

札幌市厚別区厚別町小野幌53-2
☎ 011-898-0466
**料金** 有料（詳細はHP参照）
**時間** 9時30分～17時（10～4月は～16時30分。入館は30分前まで）
**休館** 月曜（祝日の場合は直後の平日）、年末年始

## 忠類ナウマン象記念館

### これを見て！

2024年3月リニューアル。忠類ナウマン象化石の産出状況模型は、最新の研究成果をもとにキバの左右や位置などを修正し、忠類ナウマン象の埋積課程を示すジオラマ（河岸で横たわり白骨化が進んでいた忠類ナウマン象に洪水が迫る様子）も新設しました。前庭にあるナウマンゾウ生態復元模型は1時間ごとに鳴きますので、ぜひ聞きに来てください。

### ここもオススメ！

忠類ナウマン象記念館のそばにある「道の駅忠類」でナウマンゾウ関連グッズを販売しています。その隣にある「十勝ナウマン温泉 ホテルアルコ」は、美肌の湯といわれる温泉と地産地消にこだわった料理が人気です。記念館から車で約20分の晩成地区には忠類ナウマン象の発見・発掘地点があり、記念碑と解説パネルが建っています。

### 学芸員あるある

北海道で足跡化石が発見されているのは今のところ忠類だけで、地層断面で確認できただけでも数十個以上あります。水平に掘り進めればさらに増えるでしょう。今後、蹄跡が全て明瞭に残っていて行跡も確認できる保存状態の良い足跡を発見し、それを展示するのが目標です。（添田雄二＝本書「ゾウ類」「偶蹄類」執筆）

幕別町忠類白銀町383-1
☎ 01558-8-2826
**料金** 300円、小中学生200円
**時間** 9～17時
**休館** 火曜（祝日の場合は翌日）、12月29日～1月3日

## 八雲町郷土資料館

### これを見て！

化石の展示は小さなスペースですが、北海道の旧石器時代に野牛がいたことを示す角化石と、渡島半島が海だったことを示す黒松内層出土のセイウチの骨と歯の化石、そして瀬棚層出土ですでに絶滅しているダイシャカニシキガイの化石を見てください。

### ここもオススメ！

当館とつながっている八雲町木彫り熊資料館では、八雲が発祥で2024年に100周年を迎える木彫り熊を200体ほど常設展示しています。北海道第1号の作品から現代までのさまざまな作品を見ることができます。

### 学芸員あるある

プライベートな旅行でも、行く先々で博物館施設に立ち寄りがち。展示物自体をじっくり見るのは当然として、資料の固定方法やライトの当て方、解説文の文量や文体、多言語表記などの展示方法に目が行きがち。そして展示のねらいや意図を探りがち。（大谷茂之）

八雲町末広町154
☎ 0137-63-3131
**料金** 無料
**時間** 9時～16時30分
**休館** 月曜、祝日、12月29日～1月5日

## 黒松内町ブナセンター

### これを見て！

①1993年に発掘されたヒゲクジラの後頭部。この部分から推測される全長は20mをはるかに超えていたと思われます②貝や石に付着したコケムシの化石。微小で実にさまざまな形をしていて、ルーペ片手に観察する楽しさがあります③絶滅種の二枚貝クロダトリガイ（ムカシオナガトリガイ＝写真）。殻頂から流れ広がる放射肋は優雅さを感じさせます。

### ここもオススメ！

町の中心部からやや離れたところに、国の天然記念物・歌才ブナ林があります。ブナ林入り口の駐車場からは、瀬棚層の下位層である黒松内層の模式地露頭を見上げることができ、すぐそばの朱太川の河岸には瀬棚層が顔を出しています。なぜ層の順番が上下逆になっているのか考えてみてください。

### 学芸員あるある

化石の知識がほとんどないまま採集や記録にとりかかったため、見るもの聞くことすべて興味津々。日ごろから、学んだ知識を分かりやすい言葉で伝えることを心がけており、相手から笑顔をもらった時がうれしい瞬間です。化石採集授業は子どもたちにも人気で、地学の教材が身近にある黒松内の環境は調べる楽しさいっぱいです。（化石ボランティア・亀水良子）

黒松内町字黒松内512-1
☎ 0136-72-4411
**料金** 無料
**時間** 9時30分～17時
**休館** 月・火曜（祝日の場合は開館）、11月と3月の資料整理日、年末年始

## 別海町郷土資料館

### これを見て！

町の歴史と自然を伝える施設として、先史から開拓の歴史を物語る資料、自然にかかわる資料を展示しています。なかでも「巨大ヒグマの剥製」は目を引く資料です。このヒグマは2008年に町内の春別川さけます捕獲場で捕獲されました。体長2.4メートル、体重390キロ、年齢15歳のオスで、直立した様子を剥製にしているため迫力があり、多くの入館者を驚かせています。

### ここもオススメ！

隣接する附属施設「加賀家文書館」では、江戸時代末期にこの地方で活躍した加賀家一族が残した古文書史料などにより、別海町の幕末の様子を紹介しています。また国指定史跡「旧奥行臼駅逓所」がある町内奥行地区は、町指定文化財の「旧国鉄奥行臼駅」、旧別海村営軌道「風蓮線奥行臼停留所」があり、北海道開拓における宿泊・運送の拠点となり地域づくりに大きく貢献した三つの時代の交通遺産を見ることができます。

### 学芸員あるある

別海町の歴史と自然について、2人の学芸員と館職員、町内外の協力者によって調査・研究をしています。多くの方々に利用されるよう日々努力しています。（石渡一人）

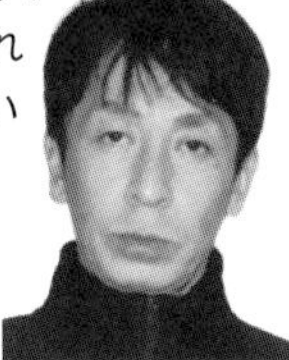

別海町別海宮舞町30
☎ 0153-75-0802
**料金** 350円、高校生以下無料
**時間** 9～17時
**休館** 第2・4月曜、第1・3・5日曜、毎土曜（第2・4は除く）、祝日、年末年始

## 福井県立恐竜博物館

### これを見て！

①スコミムスとティラノサウルスの競演。映画ジュラシックパークIIIのスピノサウルスとティラノサウルスが闘うシーンを彷彿とさせます②野外恐竜博物館。恐竜化石発掘現場の近くで、自分で岩石をハンマーで割って化石を探すアトラクション③バシロサウルス。大昔に生きていたクジラで、大きさはなんと18メートル。小さな後ろ足の痕跡が残っていて、陸上の祖先から進化したことを物語っています。

### ここもオススメ！

来館者には家族連れが多いので、興味の方向が同じものとしては越前松島水族館が良いかもしれません。そば好きな人はおろしそばを食べてみるのも良いでしょう。辛味のある大根おろしつゆをそばの器にかけて食べる、いわゆる「ぶっかけ」です。博物館周辺においしいお店が何軒かあります。

### 学芸員あるある

学芸員・研究員は博物館運営のいろいろなことに携わります。特別展の担当になるとその準備に追われます。業者選定のための書類作成から、展示内容の設計、解説パネルの作成など、短期間にやることが多く、睡眠時間が削られることもあります。でも完成した時や来館者の評判が良ければ喜びはひとしおです。（一島啓人＝本書「クジラ類」他執筆）

福井県勝山市村岡町寺尾51-11
☎ 0779-88-0001
**料金** 1000円、大学・高校生800円、小中学生500円、未就学児無料
**休館** 第2・4水曜（祝日の場合は翌日、夏休み期間は無休）、年末年始（12月31日と1月1日）

**●謝辞**
本書作成にあたり、以下の方々にご協力いただきました。記してお礼申し上げます。
北海道博物館（自然研究グループ）、沼田町教育委員会、深川市教育委員会、大樹町教育委員会、苫前町教育委員会、湧別町教育委員会、足寄動物化石博物館、当別町教育委員会、甲能直樹博士（国立科学博物館）、赤松守雄氏（北海道開拓記念館＝当時）、根室市教育委員会

**●編集委員略歴**（＝以下は主な担当項目）

**一島啓人**（いちしま・ひろと）＝クジラ類
1965 年小樽市生まれ。福井県立恐竜博物館副館長。化石や現生種の骨から、鯨類の進化における形態の変化や生息環境の変遷を追求しています。これからも、思いもかけない化石に出会うことを楽しみに研究を続けていきます。共著書に『鯨類の骨学』（緑書房）、『鯨類学』（東海大学出版会）など。

**木村方一**（きむら・まさいち）＝ゾウ類
1938 年北海道黒松内町生まれ。北海道教育大学名誉教授。忠類ナウマンゾウ、タキカワカイギュウ、ヌマタネズミイルカなど道内各地の化石発掘に関わる。沼田町化石体験館名誉館長。著書に『改訂版 太古の北海道』『化石先生は夢を掘る』（いずれも北海道新聞社刊）など。

**小林快次**（こばやし・よしつぐ）＝恐竜類、ワニ類
1971 年福井県生まれ。北海道大学総合博物館教授。ワイオミング大学地質学地球物理学科卒業、サザンメソジスト大学地球科学科で日本人として初めて博士号を取得。オルニトミムス類などの獣脚類の研究のほか、デイノケイルスやカムイサウルスをはじめ、多くの恐竜の研究に携わっている。NHK ラジオ「子ども科学電話相談」などの出演も多数。

**櫻井和彦**（さくらい・かずひこ）＝クビナガリュウ類、モササウルス類、カメ類
1966 年小樽市生まれ。むかわ町穂別博物館館長。北海道教育大学大学院修了（教育学修士）。地質調査会社アースサイエンス株式会社を経て 98 年から穂別町立博物館（現むかわ町穂別博物館）の学芸員として勤務、2018 年から現職。恐竜化石カムイサウルスの発見、発掘調査に携わった。

**澤村　寛**（さわむら・ひろし）＝束柱類
1949 年三重県津市生まれ。足寄動物化石博物館特任学芸員。信州大学で地質学を、鶴見大学で（教育しながら）生物学（解剖学）を学ぶ。91 年以降、足寄動物群を主資料とする博物館の設立・運営に携わり、束柱類の復元・研究、館での普及・体験活動に取り組んでいる。

**古沢　仁**（ふるさわ・ひとし）＝カイギュウ類
1956 年札幌市生まれ。北海道教育大札幌校で地質学を学び、カイギュウ類やクジラ類など海生哺乳類の化石から進化や系統を研究する。専門は古脊椎動物学。2001 年から札幌市博物館活動センターで自然史系博物館の開設に向け調査や資料収集を進める。本書制作中の 23 年 9 月死去。

＊

**仮屋志郎**（北海道新聞出版センター）

**●執筆者略歴**

**安藤達郎**（あんどう・たつろう）＝鳥類
北海道大学では魚竜を研究し、ニュージーランドのオタゴ大学ではペンギンの進化の研究で博士号を取り、帰国してからはペンギンモドキだけでなく、クジラや束柱類の研究も。生き物が大きく変わる水棲適応って面白い。足寄動物化石博物館館長・学芸員。1970 年千歳市生まれ。

**添田雄二**（そえだ・ゆうじ）＝ゾウ類、偶蹄類
1973 年札幌市生まれ。幕別町教育委員会学芸員。博士（理学）。2021 年まで「忠類ナウマン象」の原標本を収蔵する北海道博物館に勤務。2000 年代以降に行われた北海道産の主要なゾウ化石研究の全てに携わり、24 年 3 月には、1988 年の開館以来初のリニューアルとなった忠類ナウマン象記念館の新展示を手がけた。

**田中嘉寛**（たなか・よしひろ）＝鰭脚類
2024 年 4 月から札幌市博物館活動センター・学芸員。北大博物館、沼田町化石館、大阪市立自然史博物館の研究員等を兼ねる。専門は古生物学と博物館学。本書で登場したセイウチ（当別町）とクジラ（沼田町、大樹町、深川市）を命名した。共著書に『北大古生物学の巨人たち』『挑戦する博物館』。

**長野あかね**（ながの・あかね）＝奇蹄類
1996 年旭川市生まれ。沼田町化石館学芸員。北海道大学理学院博士前期課程修了後、沼田町化石館で展示制作やイベントを行いつつ、沼田の古生物たちの知名度向上にむけて絶賛奮闘中（?）。

**●作画・構成**

**浩而魅諭**（ひろじ・みゆ）

1973 年札幌市南区生まれ。北海道教育大学札幌校美術科彫塑（丸山隆）卒業。札幌市内の小学校教諭を経て工房盤嶽主宰。星槎道都大学兼任教員。野生動物画家（ワイルドライフアーティスト）。ボールペン画家。細密画家。文筆。復元画家（パレオアーティスト）。北海道美術協会会員。2016 ～ 19 年「北海道新聞」で「となりのイノチ」連載。雑誌「faura」「Fishing Café」ほかに寄稿。

**●装丁・レイアウト**
佐々木正男（佐々木デザイン事務所）／中島みなみ（北海道新聞出版センター）

---

**北海道絶滅動物館**
2024 年 3 月 16 日　初版第 1 刷発行
編者　「北海道絶滅動物館」編集委員会
作画・構成　浩而魅諭（ひろじ みゆ）
発行者　近藤　浩
発行所　北海道新聞社
〒060-8711 札幌市中央区大通西 3 丁目 6
出版センター
（編集）電話 011-210-5742
（営業）電話 011-210-5744
印刷・製本　株式会社アイワード



乱丁・落丁本は出版センター（営業）にご連絡くださればお取り換えいたします。
ISBN978-4-86721-125-0

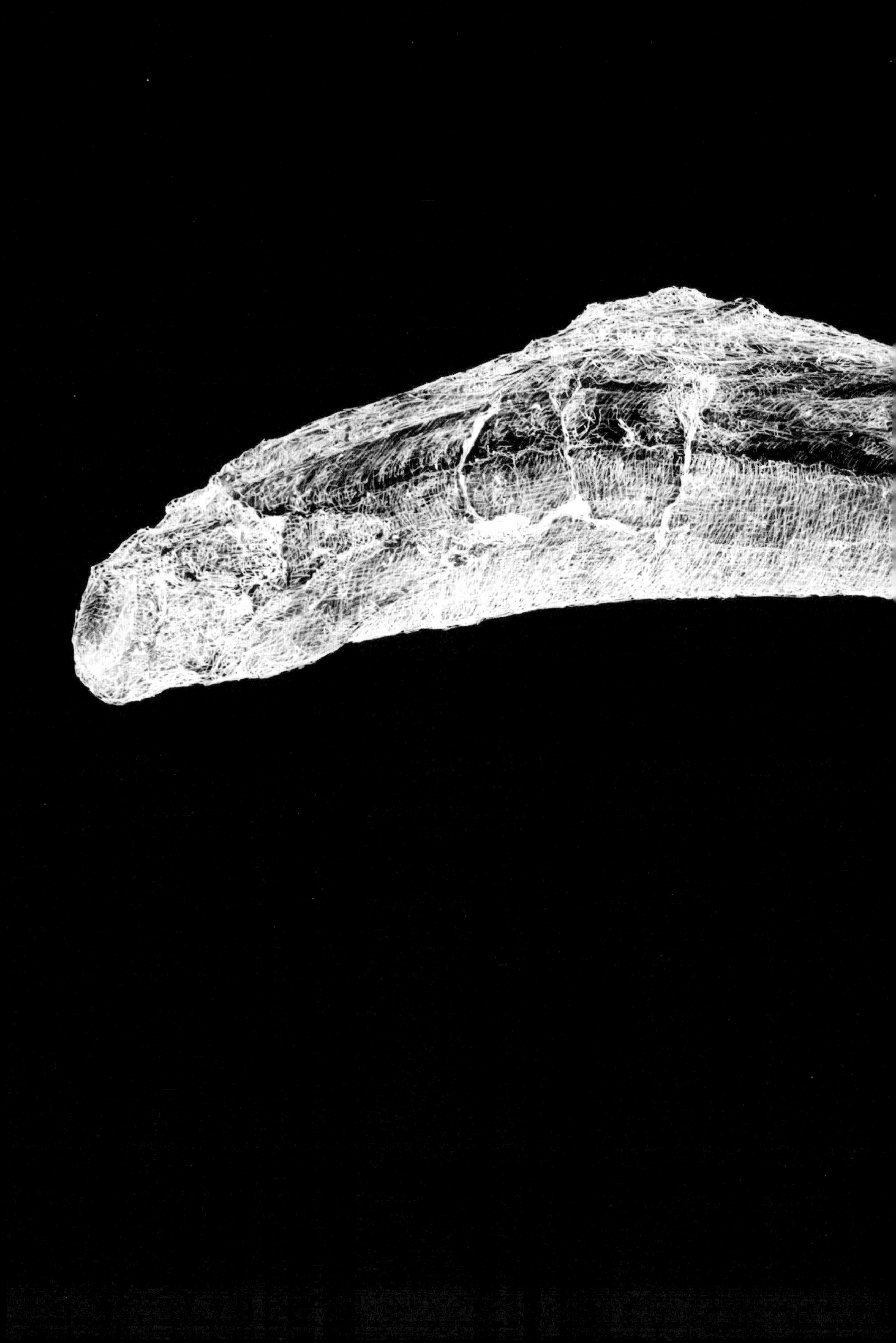